〔1盆變10盆！〕

扦插種植
活用百科

臺大農場技士 **梁群健** 著

目錄 Contents

Part 1 / 扦插大知識

Part 2 / 扦插後的管理

Part 3／莖插

Part 4 / 葉插

特別企畫

附錄

學會扦插繁殖植物的本事，
體會花草驚人的生命力

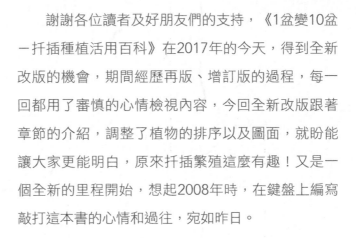

　　謝謝各位讀者及好朋友們的支持，《1盆變10盆－扦插種植活用百科》在2017年的今天，得到全新改版的機會，期間經歷再版、增訂版的過程，每一回都用了審慎的心情檢視內容，今回全新改版跟著章節的介紹，調整了植物的排序以及圖面，就盼能讓大家更能明白，原來扦插繁殖這麼有趣！又是一個全新的里程開始，想起2008年時，在鍵盤上編寫敲打這本書的心情和過往，宛如昨日。

　　以「扦插繁殖」做為內容的工具書，喚起許多愛花人栽植花木的回憶及樂趣，如果您擁有了一株喜愛的植物，只要在適當時間、季節和環境下，就可以放大倍增這株花草的美麗。這繁殖出來的花木，不管居家佈置、饋贈親友或是與花友交流，在在都可以為生活增添以花會友的樂趣，更希望大家藉著學會扦插繁殖植物的本事，讓綠化生活一點都不難。

回憶過往的青春要感謝所有教導過群健的師長們，讓自己在園藝領域中找到樂趣；也感謝共事的長官和同事們，在一片城市的農園裡共事，職場生活中雖然充滿了挑戰，但在辦理環境教育、農耕或是綠美化的當下同樣都充滿趣味。一起成長的同學、互相學習的好友、同好們，有了您們的參與，生活是那般美好！獲得一次全新改版的機會，歡欣的感覺溢於言表！雖然同樣是緊張萬分。終究栽花種草沒有對錯和是非，只有更多不同的體驗和經驗的累積。冀望書中分享的點點滴滴，能夠建議讀者在學習之初有些依循，讓大家繁殖花草不必擔心，Just do it 跟著做，便能體會到植物驚人的生命力。

　　感謝從來不曾減少過，謝謝好朋友們的鼓勵及家人的支持，幸好有您們在！再一次的感謝～王智群先生、江金娥小姐、吳修龍先生、林仕雄先生、林哲緯先生、林孜勳小姐、林瑋瑾小姐、孟孟蓮小姐、游裕三先生、陳昆煜先生、陳坤燦先生、陳麗如小姐、陳吳鳳嬌小姐、劉英華小姐等好朋友們，提供了本書所需的植物材料，及拍攝上的協助等，才得以如期付梓。

梁群健

Part | 1

扦插大知識

扦插是繁殖植物最常用的方法之一，難以想像植物堅韌的生命能力，可藉著一段莖、一段根或一片葉，便能生出小苗，再繁茂出一片綠意來。親自扦插過後，會發覺每個再生小苗都具有神奇的魔力，離開了母體的枝條，能再一次展現新的生機，不可思議的延續著相同的美麗。

扦插的原理

扦插Cutting—為植物無性繁殖方法中最常用的一種。幾乎所有的植物都可藉由扦插繁殖成活，只要用來繁殖的植物片段夠充實，在對的時間、合宜的扦插環境下，就可以輕輕鬆鬆繁殖出一株新的生命來，完全拷貝母株一模一樣的美麗。

神奇的再生能力

扦插繁殖法神奇的秘密是什麼？說穿了，其實是運用植物再生能力的一種繁殖方法，植物的活細胞具備一種自我修復的能力，被稱為細胞全能性totipotency，藉著細胞內與生俱來的遺傳訊息，操縱著這場美麗的生命序曲，只要重建出植物片段缺少的部分，便能再生出新的生命。

如取一段枝條扦插，這段枝條必須重新長出根來，才有機會生存下去，這樣的繁殖方法有別於經由開花授粉、產生種子的方式，利用營養組織的片段傳遞著新的生命。凡以根、莖、葉組織這樣營養器官繁殖，才能維持其觀賞特性的植物族群，特別稱為營養系的植物。

利用植物細胞的自我修復能力，一段頂芽也能成長為新生命。

Part 1
扦插大知識

Part 2
扦插後管理

Part 3
莖插

Part 4
葉插

Part 5
鱗片插

Part 6
根插

特別企畫

再生根的本能

　　扦插繁殖的理論，是建立在植物細胞的全能性及其再生能力之上，一段離開母體的枝條，只要能再生出根或新生的小苗，就能完成扦插的使命。植物再生根部的原因，一個是枝條內本身就含有大量的根原體（即根的一種原始構造）；另一個是受傷後引發生根的本能。

斑葉椒草的葉片，就是扦插用的插穗。

插穗

生根

石蓮肥厚的葉片旁，已可看見新生小苗。

多肉植物可利用葉插和頂芽插來繁殖。

扦插根再生3階段

仔細觀察受傷而再生根的過程，可簡述如下列過程，以頂芽插為例，說明如下：

第1階段 | 傷口癒合（逆分化）

逆分化或稱去分化，當剪下一段枝條插入適當介質後，放置於相對高濕的環境下，枝條下半部傷口處，開始進行這個不可思議的過程。

首先會在受傷切口的細胞處，大量累積枝葉傳來的碳水化合物，在傷口上屯積大量的養分，以利未分化的癒合組織或稱癒傷組織 callus 的形成。當癒合組織漸漸在切口處形成後，這團未分化的細胞組織，有著再形成不定根或不定芽的能力，以取代或再生枝條所失去的部分，達到繁殖的目的。

硬木枝的插穗可明顯看到癒合組織的生成，上圖為扶桑，下圖為銀杏。

第2階段 | 新根萌發（不定根形成）

當癒合組織在傷口處形成後，這團未分化的組織，除了儲存葉片傳來的碳水化合物外，也會累積由莖頂部及節上芽點所釋放的生長素，當生長素到達一定的濃度，在生長素的刺激下，就會形成根原體 rootprimordia。根原體形成後，則表示這枝插穗已具備成活的能力，因此如何提高根原體的形成，是扦插成活的關鍵技術。

根原體的形成和植物種類大有關係，常聽人說：「有心栽花，花不開，無心插柳，柳成蔭」。柳樹的枝條內極易形成根原體外，其枝條本身也含有大量的根原體，

因此容易扦插成活。對於不易形成根原體的植物種類，可藉助發根粉或其他繁殖方式提高成活率。如玫瑰花常會利用發根粉提高扦插成活率；而茶花、玉蘭花等較不易發根的木本植物，則利用空中壓條法進行育苗。台灣菊花的切花生產，需要大量的菊花苗，常利用插穗在未扦插前，結合不同的溫度及濕度處理，事先提高插穗內的根原體含量，進行扦插時就能縮短插穗育苗的時間，也利用這段插穗貯存的時間，避開不良的繁殖季節。

植物體內的根原體萌發的不定根。

Part 1 扦插大知識

Part 2 扦插後管理

Part 3 莖插

Part 4 葉插

Part 5 鱗片插

Part 6 根插

特別企畫

第3階段 | 發根成活

當插穗生長出不定根後，扦插繁殖就算成功了一半！帶著新根的小苗，此階段仍未生長健全，應先行假植或育苗，再生植株在合宜的環境下，先生長一段時間，待其根部或根團生長良好，枝葉也都能適應正常環境後，就可進行定植的作業。通常假植或育苗的初期，會給予肥沃的培養土，及含磷肥較高的有機肥做為基肥；並維持較高的濕度，好讓小苗在新生之時能得到較佳的管理，有利於日後植株定植後生長的品質。

隨著扦插時間增長，可看見側芽的萌發。

仔細看大木賊節間處，可以找到側芽的蹤影。

適合扦插繁殖的植物

舉凡常見的一二年生草花、藤蔓植物、多年生的觀葉植物、觀花或觀葉的灌木及大型的木本植物，都能進行扦插繁殖。以外觀可見的生長特性來說，容易扦插成活的植物具備下列特性：

① 節間容易長出不定根的植物

這類植物在節間處，極易觀察到不定根的形成，因此只要容易生長出不定根的植物，均適合採用扦插繁殖。

插穗的節間處容易新生不定根。

- 常見的藤蔓植物：如天南星科的黃金葛及拎樹藤、五加科的常春藤、葡萄科的爬牆虎，及夾竹桃科的黃金絡石等。
- 植物易生走莖、枝條柔軟易長成一大片地被者：如野牡丹科的蔓性野牡丹、豆科的蔓花生、菊科的南美蟛蜞菊。
- 草坪上常用的禾本科草種：如熱帶地毯草及狗牙根等。
- 大型的木本植物：如桑科的橡膠樹、榕樹及錦葵科的黃槿等。
- 長在旱地裏的仙人掌科植物：如火龍果、蟹爪仙人掌等。

常春藤

翠牡丹

Part 1
扦插大知識

Part 2
扦插後管理

Part 3
莖插

Part 4
葉插

Part 5
鱗片插

Part 6
根插

特別企畫

② 葉片肥厚、可落地生根的植物

這些植物的葉片，均具有葉片肥厚或具有落地生根的能力，均可用葉插的方式進行繁殖。

葉片肥厚的植物，通常多可直接葉插。

● 景天科的多肉植物如石蓮、蕾絲公主、紫式部等。

● 蘆薈科的壽、萬象或臥牛。

● 苦苣苔科的非洲菫、大岩桐等。

● 秋海棠科的小型虎斑秋海棠、蛤蟆海棠等。

● 龍舌蘭科的虎尾蘭。

● 天南星科的美鐵芋。

朧月

非洲菫

大岩桐

③ 修剪後易發生側芽的植物

　這類植物極為常見，常見綠籬的植栽及香草植物多屬這類型的植栽，這類植物一經修剪便能快速再萌發出新生的枝葉。

銀葉蛤蟆草的側芽萌發後，
易長成走莖再拓展族群。

扶桑

薰衣草

馬纓丹

迷迭香

●錦葵科的扶桑、木槿。

●馬鞭草科的金露華、馬纓丹。

●大戟科的錫蘭葉下珠。

●茜草科的矮仙丹、梔子花。

●野牡丹科的紫牡丹。

●爵床科的翠蘆莉、小蝦花等。

●唇形花科的薰衣草、迷迭香、鳳梨鼠尾草等。

Part 1
扦插大知識

Part 2
扦插後管理

Part 3
莖插

Part 4
葉插

Part 5
鱗片插

Part 6
根插

特別企畫

④ 枝條插水容易長根的植物

這類植物的枝條在水瓶中便能大量形成不定根，原因無他，因枝條內含大量的根原體或其樹皮處極易形成不定根，因此這類型的植物適用扦插繁殖。

根原體豐富的植物，水插就會長根。

朱蕉

- 龍舌蘭科的星點木、幸運竹、五彩年千木、百合竹、朱蕉等。
- 楊柳科的植物銀柳及雲龍柳。

⑤ 易生蘗芽及地下走莖的植物

易生蘗芽的植物於母株基部，在春初時常可見新生的蘗芽，利用這些新生的蘗芽進行扦插也極易成活。

煙火樹由根形成蘗芽。

甜萬壽菊

荷花

- 菊科的艾草、盆菊、芳香萬壽菊等。
- 唇形花科的粉萼鼠尾草等。
- 具有地下走莖的鳶尾科青龍鳶尾、禾本科的竹子、蓮科的荷花，這類植物可以利用地下走莖為插穗，進行扦插繁殖。

扦插的4大理由

① 扦插繁殖一點都不難

居家進行扦插繁殖一點也不難，只要懂得如何選取對枝條和適當的季節，一盆變多盆非難事！

一般來說春季至夏初都是極適合扦插的季節，從春雨一直下到梅雨季節，氣候環境濕度很高，離體的枝條或插穗較不易散失水分，較不因枝條失水而扦插失敗。此外，春天的溫度也有利於不定根的再生，至於秋季和冬季只需利用簡單的設備，如套上塑膠袋營造局部高濕、提高溫度，都有利於根的再生，只是發根時間會較春季長。

② 賞花不必等

扦插繁殖的小苗沒有幼年期，開花時間較早，這是扦插及其他無性繁殖的好處之一。尤其是木本植物如以種子播種的小苗，常需要等待 3～8 年的幼年期之後，才能等到植物開花；扦插繁殖來的小苗，因為取自生理年齡已達開花的母株枝條，即便剛扦插成活的植物，只要養分條件夠、環境對了就可以開花。

Part 1
扦插大知識

Part 2
扦插後管理

Part 3
莖插

Part 4
葉插

Part 5
鱗片插

Part 6
根插

特別企畫

③ 完全拷貝，保留親本良好園藝性狀

　　無性繁殖的好處，就是可完全拷貝親本的優點，如果利用種子繁殖的小苗 (除雜交第一代種子之外)，會因為遺傳分離率的關係，而失去母本原來的特性；因此自行留種的草花種子，常常無法再開出原株的花色。

　　但也有部分植物例外，如虎尾蘭及非洲菫縞花品種，利用葉插繁殖，斑葉的虎尾蘭會失去斑葉特性，長出全綠葉的品種來。縞花品種的非洲菫，葉插的小苗則會失去縞花獨有的花色，此時必須利用分株、花梗扦插或促進側芽發生的方式，才能維持原有的品種特性。

④ 省錢大作戰

　　常見的觀葉小品盆栽，如黃金葛、白網紋草、椒草、虎斑秋海棠等，在商業繁殖上多半利用扦插做為大量繁殖的手段。熟悉扦插繁殖的作業後，便可以為居家的綠美化省上一筆小小的開支，也可以在陽台栽上番薯葉、空心菜、紅鳳菜等，一樣的綠美化又多了實質利益，真是一舉兩得、好處多多！

3大常見繁殖比較表

繁殖方法	播種 Seeding

優點	1 種子體積小便於運送及貯藏。 2 操作容易，短時間內可得生長勢整齊及大量的種苗。 3 實生苗生長勢強，具有較優良及強壯的根系。 4 種子便於採集、調製及消毒作業。 5 具有產生雜交變異及雜交優勢的潛力。
缺點	1 除 F1(雜交育種的第一代種子)及自交系的植物種子外，自行採收的種子，常因為性狀分離，無法保持親本的優良特性。 2 達開花結果的時間較長，尤以木本植物更為明顯。 3 不適用於無法產生種子植物。 4 不適用於種子發芽不易，具發芽障礙的植物種子。

Part 1
扦插大知識

Part 2
扦插後管理

Part 3
莖插

Part 4
葉插

Part 5
鱗片插

Part 6
根插

特別企畫

無性繁殖 Asexual propagation

 繁殖方法

分株 Division

 優點

1 操作容易，分株苗多半具備完整的根系及健全的地上部，可確保百分百的成活率。
2 到達可開花、結果的成苗時間短。
3 可維持親本優良的性狀。
4 後續苗株管理容易。
5 適用於易發生蘗芽且具有地下莖、塊莖、鱗莖等球根植物。

 缺點

1 繁殖倍率小、無法於短時間內得到大量且生長勢整齊的種苗。
2 分株所得的種苗大小較不整齊。
3 易造成病毒及病菌的傳播及汙染，所使用的工具需注意清潔及消毒。
4 不適用於無法產生蘗芽或仔球等植物。

無性繁殖 Asexual propagation

繁殖方法

扦插 Cutting

優點

1 所得小苗可確保並維持親本優良特性。
2 小苗不具有幼性，到達開花、結果的時間短。
3 適用於無法產生種子的植物。

 缺點

1 繁殖倍率小、無法於短時間內得到大量且生長勢整齊的種苗。
2 易造成病毒及病菌的傳播及汙染，所使用的工具需注意清潔及消毒。
3 操作較為繁瑣，不同的植物取穗方式及繁殖適期大不同，且需要保濕等設備協助。
4 長期無性繁殖所得的小苗，生長勢及抗病力等會較弱，且多為鬚根系較不耐風吹。
5 不適用於發根困難及椰子等棕櫚科植物。

扦插的5大種類

扦插用來繁殖的枝條或組織片段，統稱為插穗 section。以頂芽插的插穗來談，一段完整的標準插穗，扣除了莖頂組織（心／頂芽）以外，應具備三個節；插穗的長度視材料的狀況而定，一般在 9 ～ 15 公分之間，最下位的第一片及第二片葉必需摘除。扦插時將第一節的節位插入介質中，以利不定根的形成，達到繁殖新植株目的。

扦插的種類取決於不同插穗取材的位置，一般簡單區分成莖插、葉插、根插等三大類，但實際操作上因為插穗的選擇，簡單歸納為下列 5 大種：

頂芽插

標準插穗

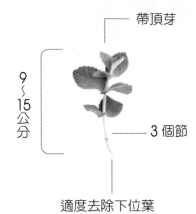

帶頂芽

9～15公分

3 個節

適度去除下位葉

1／
葉插
Leaf cutting

2／
莖插
Stem cutting

3／
根插
Root cutting

4／
鱗片插
Scaling

5／
腋芽、冠芽及不定芽
Axillary bud、Crown bud and Adventitious bud

Part 1
扦插大知識

Part 2
扦插後管理

Part 3
莖插

Part 4
葉插

Part 5
鱗片插

Part 6
根插

特別企畫

① 葉插 Leaf cutting

以葉為插穗的植物，一般再生出小苗的時間較長，因為這類插穗必須先後形成根及新芽後，才能達到繁殖的目的。

葉插再生小苗的情形，圖為阿蒂露毛氈苔。

虎之卷取葉插穗。

全葉插 Whole leaf cuttings

採用一片完整的葉片進行葉插，其長芽及生根的速率較快，但所產生的新生芽體就較少。

裂葉插 Leaf section cutting

利用帶有葉脈的一小塊葉片為插穗進行繁殖，相較於全葉插能得到較多的小苗。

葉芽插 Leaf bud cutting

與單節插有異曲同工之妙，特指的是能行葉插植物，如椒草某些品種不易長出小苗只能生根，此時必需選取帶有一段葉腋的插穗，就能順利繁殖出新生的小苗。

② 莖插 Stem cutting

植物的莖幹上具備了頂芽及許多側芽（腋芽 - 葉腋間長出來的芽），這些都是未來可以長成新生枝條的部分，只要利用不同成熟階段的莖插穗，基部生出新根就算扦插成功。因此莖插為扦插法中最常用的方式，因其取穗的部位由枝條的上方到下方而有不同。

頂芽插
Tip cutting / Herbaceous stem cutting

草本植物的扦插，以帶有頂芽段的插穗較容易長根，形成小苗的時間最短。如彩葉草、天竺葵、四季秋海棠及非洲鳳仙花等，均可採用此法進行繁殖。

非洲鳳仙花。

黃金葛用單節插可獲得大量小苗。

單節插 Single eye cutting

常用在藤蔓植物上，只需一個節間及一片葉的莖段作為插穗，就可進行繁殖；有效率的運用每一段莖節為插穗，因此可以得到較大量的後代。

莖段插 Cane cutting

常見用在天南星科粗肋草、黛粉葉，及龍舌蘭科的五彩千年木、百合竹、巴西鐵樹、開運竹等植物上，這類植物利用帶頂芽莖段雖然長根迅速，但與老化的莖幹相比會呈現類似甘蔗般，一節一節具明顯葉痕的莖段。可取其成熟的莖段橫放於介質上，刺激每個節位上的側芽再生，雖然發芽的速度不如帶頂芽的莖段，但可增加繁殖的倍率及數目。

Part 1
扦插大知識

Part 2
扦插後管理

Part 3
草插

Part 4
葉插

Part 5
鱗片插

Part 6
根插

特別企畫

嫩枝插 Softwood cutting

所取的插穗為尚未木質化、新生的枝條，這種插穗也很容易長根，但如環境不佳或濕度條件不易維持時，嫩枝插常因失水而扦插失敗。

半硬木插 Semihardwood cutting

所取的枝條為一年生或當年生，但已發育充實的枝條為插穗。選取時可注意本段枝條的皮色已開始木質化，因此常帶有綠與褐色混生的現象；半硬木插所選取的枝條因含有較充足的養分，在條件差的環境下較容易成活。

硬木插 Hardwood cutting

常用在落葉性的木本植物，多半選取發育已完全充實的枝條為插穗，多在冬、春季或植物進入休眠時，進行插穗的選取。本種插穗的長度可達 15 ～ 30 公分左右，並插在排水及通氣良好的介質上，可於春暖後再生出新的枝芽與根系。

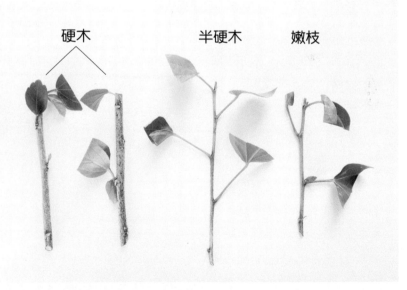

扶桑枝條各部分的插穗，由左至右分別為①硬木、②半硬木、③嫩枝插。

③ 根插 Root cutting

以根為插穗的植物，只需要再生新的芽及枝梢，便能完成繼續生長。

柳葉麒麟發達的根系，適合根插。　瓶爾小草的肉質根。

④ 鱗片插 Scaling

鱗片插取的是球莖植物，變態之短縮莖上的特化器官—鱗片葉為插穗，類似葉插，只要再生出新的小球莖或新生的小植株，便達成扦插的目的。

百合的球根，就是鱗片插的插穗。

⑤ 腋芽、冠芽及不定芽
Axillary bud、Crown bud and Adventitious bud

腋芽為側芽的一種，特別指的是在葉腋間生長的芽；冠芽指的是食用鳳梨的鳳梨頭；不定芽指的是非在頂芽及葉腋處長出來的芽。因此某些植物可以直接利用這些腋芽、冠芽及不定芽做為繁殖的單位，進行繁殖。

仙女之舞錦葉片上的不定芽，可直接作為插穗。

扦插不失敗的10大秘訣

Part 1
扦插大知識

Part 2
扦插後管理

Part 3
莖插

Part 4
葉插

Part 5
鱗片插

Part 6
根插

特別企畫

① 插穗的選擇

插穗的選擇直接影響到成活率，以健康、芽體飽滿、節間充實、無徒長的枝條為佳。繁殖常見的觀花、木本植物，應視居家環境選取不同的插穗進行繁殖；所選取之插穗為一年生枝條的半硬木，會較新生的嫩枝飽滿充實，較不怕失水也具有相當的生長活力。

一般居家建議採取半硬木及嫩枝插較佳，但採取嫩枝時，需特別注意環境濕度的維持，避免大量的失水，以提高再生的成功率。

木本植物可選用半硬木、一年生充實的枝條或嫩枝較佳

草本、藤蔓植物宜選取強健的頂芽為插穗

② 保留適當葉片

良好的插穗除了適當長度(10 ～ 15 公分為佳)以外,最少要帶三節,並保留適度葉片或局部修剪葉片。一來可防止插穗的水分過度散失,二來保留葉片能為插穗提供光合作用的產物,促使插穗生根,有利於扦插成活率的提高。

秋冬季進行扦插,因平均溫度較低,插穗的水分不易散失,且在適當保濕處理下,除了去除影響到扦插到介質中的下位葉,其餘的葉片可全部保留;而春末夏初進行扦插,因環境溫度普遍較高,插穗較容易失水,此時要保留的葉片需局部修剪或剪半。

剪除局部葉

適時剪除局部葉片,可防止水分過度散失。

剪除下位葉

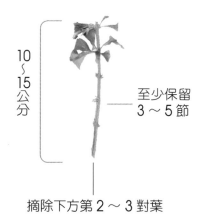

10 ～ 15 公分

至少保留 3 ～ 5 節

摘除下方第 2 ～ 3 對葉

剪除花朵

若剪下的枝條有開花,也必須剪除花朵,才不會耗損養分。

③ 保持乾淨無汙染

扦插時使用的設備，如剪定鋏、扦插用的介質、保濕的器材、盆器等，均應注意是否清潔乾淨、無病菌的汙染為佳。使用之前可用稀釋的酒精或漂白水，先行噴佈或浸泡後備用。而剪取插穗的工具刀片或剪定鋏，應剪完每一枝不同段的插穗後，過火、噴佈稀釋酒精、浸泡稀釋漂白水後再使用，減少病菌感染的可能。

Part 1
扦插大知識

Part 2
扦插後管理

Part 3
莖插

Part 4
葉插

Part 5
鱗片插

Part 6
根插

特別企畫

噴灑酒精或消毒水

工具噴灑酒精或消毒水，確保清潔乾淨。

④ 適當的季節

以台灣的氣候來說，最適合扦插的季節在春夏季之間，這段季節濕度極高，插穗不易失水，加上既溫暖又不炎熱的溫度，插穗都容易長根。

秋、冬季也適合扦插，但為低溫條件，生根的速度較為緩慢，可加設一些保暖及保濕的設備，加速插穗的發根。

秋冬加設保暖、保濕設備

以塑膠袋保濕，可以提發根及小苗再生成功率。

⑤ 介質的通氣性、高濕度的維持及適當的光照

　　介質的通氣性及保水性，也是影響扦插成活率的因素之一。扦插使用的介質應具備適度保水的能力，提供插穗充足的水分，良好的通氣性更有利於發根，滿足新生根呼吸的需要，因此常用的扦插介質以珍珠石、蛭石較多。

　　高濕度的維持讓插穗不易失水，因此在未長出根之前，能給予插穗保濕的環境延長在無根狀態下的生命，也為插穗爭取更長的發根時間。光照部分應避免直射光，適度的光照可提供插穗上的葉片行光合作用，加速根部的再生。

珍珠石是常用的扦插介質。

⑥ 營養劑及發根粉的運用

　　部分不易生根的植物，或為提高插穗成活率、縮短發根時間、增加發根數量等目的，可使用市售的營養劑，主要成分為維他命 B 群等營養物質，具有恢復植物活力、促進植物長根發芽等功效，可依使用方法稀釋後處理插穗。

　　發根粉為含有植物荷爾蒙生長素的商品，生長素 auxin 為刺激植物發育、生根的重要生長調節劑之一，如直接在插穗的基部沾上生長素，便能直接刺激插穗的不定根形成、縮短扦插的時間，還可以增加新生的根數。

不易發根的植物，可在扦插前沾發根粉，有利插穗成活。

自製發根法 Step by Step

Step 1

調製 1000 ppm NAA 的發根粉，即 1 公升含有 1g 濃度 NAA（奈乙酸）的發根粉，材料需準備 NAA 0.5 克、滑石粉 500 克、酒精 250 毫升、燒杯及度量工具。

Step 2

將 NAA 緩緩加到酒精中，使 NAA 完全溶解在酒精中。

註：1ppm=1/100萬

Step 3

最後再加入滑石粉，充分混合均勻。

Step 4

將混合物置於平板容器中，等待酒精揮發。乾燥後即可刮取含有 NAA 的滑石粉，置於容器中或封口袋中備用。

⑦ 黃化處理

　　或稱「白化處理」，常用來處理扦插不易發根的植物，利用黑膠布黏貼、黑紙遮光於選定的強壯枝條基部一段時間，進行枝條局部黃化處理後，剪下的枝條容易誘導不定根發生。經由黃化處理的枝條，皮層增厚、薄壁細胞增多，因此有利於多發生於皮層、及薄壁細胞中的根原體分化和生根。

選用耐遮光的紙材，就可進行黃化處理。

⑧ 母本維持及灌叢回春的方式

　　用於取穗的灌叢或植株，常因枝條生理老化，而使扦插的成活率降低；利用強剪植株1/3 及 1/2 枝條的方式，可使老化的植株再度產生較具幼年性的新生枝條，就能利用這些新生的枝條進行扦插，以提高成活率。

強剪能促使新芽再生。

⑨ 刻傷處理的運用

　　刻傷處理和黃化處理，均是對不易發根的植物進行扦插前的處理方式。不易扦插生根的植物，可以在選定的強壯枝條處，先於枝條基部處進行刻傷處理，即在枝條基部製造傷口，待傷口上長出癒合組織後，再剪下進行扦插，可以提高成活率。

先在枝條刻傷，可促進癒合組織的形成。

⑩ 根溫的控制

　　專業的繁殖苗圃，常利用根部加溫的設備，設置扦插用的溫床，可縮短插穗生根的時間、提高扦插的成活率。根部的土壤溫度會影響植物的生理反應，因此根溫處理可使扦插的成活率提升。這也說明台灣北部杜鵑、龍柏的種苗圃，大多數集中在陽明山竹子湖一帶，其原因無他，就是運用當地具備的天然地熱，讓土壤溫度較高且當地相對濕度也高，因此有利於各類種苗的繁殖。

必備資材與器具

Part 1
扦插大知識

Part 2
扦插後管理

Part 3
莖插

Part 4
葉插

Part 5
鱗片插

Part 6
根插

特別企畫

保濕器具

保持扦插濕度的小道具，可運用日常生活中回收的各類容器來設置。例如透明的採集盒、水族缸、Pvc 材質的水果盒、封口袋、保鮮膜、塑膠袋、塑膠杯、保特瓶等，均回收洗淨後備用。

其他工具

扦插使用的容器，可準備穴盤、不同尺寸的花盆及框架，或水培可使用的玻璃瓶、保麗龍盒等切割工具，如剪定鋏及美工刀等和噴霧器、75% 酒精、1% 漂白水等消毒用材料。

扦插所使用的介質

　　除了應具備良好的保水性、通氣性，乾淨清潔、無病菌汙染的介質，及不含肥料成分的介質均適用於扦插的繁殖。如介質不能穩定供給無根的插穗水分，在未發根之前，可能會面臨缺水的窘境而亡。不能提供充足的通氣條件，將會造成新生的根系缺氧而造成扦插失敗。未生根的插穗使用帶有肥份的介質，也可能會對肥份敏感而致扦插失敗。僅就下列幾種扦插介質介紹：

◀珍珠石

為矽酸鋁火山岩粉碎後，以高溫加熱而成的介質，高溫可使岩石內水分子氣化後膨脹製成。珍珠石內有極多的孔隙，通氣性極佳，保水效果也不差，且不含肥份，極適合做為扦插介質，但含少量氟，使用前應大量沖洗，或避免使用在對氟敏感植物上。

▶蛭石

由類雲母的礦物，經高溫、加熱膨脹後形成的層狀結構顆粒，保水力、保肥力、通氣性均佳，且不含肥份也常用於植物的扦插。

◀培養土 (三合一介質)

常見的培養土多由三種無機介質混合而成，常見適用於扦插的三合一介質配方比例以泥炭土:珍珠石:蛭石 =1：1：;1 或 2：1：1 的比例混合而成，可直接使用在商用小盆栽扦插繁殖。

◀蘭石

做為保濕的介質之一，並不直接使用於扦插的介質中。

▶水苔

原生長於高海拔或溫帶地區，為森林陰暗處的蘚苔類植物，經採集乾製而成。因吸水性強、富含纖維，對濕度的保持效果良好，常做為蘭花栽培介質，也常用在高壓、扦插等繁殖上，主要可防止插穗的乾燥。

◀泡棉塊

為商品化專用的扦插繁殖用泡棉塊，可利用一般插花的 oasis 海棉塊替代，視植物種類切小塊備用。因乾淨、不帶肥、保水力及通氣性均佳，且保濕效果好，常用於聖誕紅等盆花生產時使用。

Part 1
扦插大知識

Part 2
扦插後管理

Part 3
莖插

Part 4
葉插

Part 5
鱗片插

Part 6
根插

特別企畫

Part | 2

扦插後的管理

無性繁殖的操作過程，不只是如何使插穗在最完善、最高枕無憂的環境下再生根部，而是發根後該如何讓這一小段的枝條，再開放出美麗的花朵，延續成為另一個新生命。因此扦插成功與否，其實與後續的管理動作有著密切的關係。

如何判斷插穗長根

　　發根往往是扦插後的第一步，但要如何判定扦插的枝條是不是發根了？新手常常是在好奇心的驅使下，天天看一回，每每把枝條拉起來，檢查插穗是否長根了。但這卻是造成扦插失敗的原因之一，因為常在拉起的同時，許多細微的根在肉眼還不可察的階段時，就被過度的關愛損揚了原本可能再生的機會。到底如何由外觀判定插穗是否已經發根，可由以下徵狀判斷。

秋海棠的葉片，於斷裂的葉脈缺口處再生小苗。

指標1 ｜ 枝條是否恢復元氣

　　扦插初期的前 2 週為最關鍵的時刻，切記勿輕易移動扦插的枝條，或變換插穗置放的地點。

　　插穗上的葉片如能保持 2 週的鮮綠，即表示枝條有充分吸水；沒發生嚴重脫水或枯萎，大多的植物經 2 週的特別照護多能長根。長根的第一個反應，可從枝條上的葉片是否恢復挺立及鮮綠來判定。

嫩枝插枝條如保濕不當，常易因失水造成扦插繁殖的失敗。

Part 1
扦插大知識

Part 2
扦插後管理

Part 3
莖插

Part 4
葉插

Part 5
鱗片插

Part 6
根插

特別企畫

指標2 | ## 新葉與新芽開始萌發

當枝條在溫、濕度適宜，不失水的環境下，長根後會伴隨著新芽的萌動和新葉的開展。除了少數如春天扦插的玫瑰以外，因玫瑰春季扦插，側芽會萌發的較根部快，而導致一種發根的假象；但因新生芽沒有根部吸水功能的支持，原以為成活的玫瑰枝條會迅速枯萎而導致扦插失敗。除少數特例外，大多數的植物只要見到新芽萌發及新葉開展，都隱含了枝條已經長根的訊息。

以草本植物的頂芽做為插穗，再生速度快，如白網紋草。

指標3 | ## 不動粗也能看見根在長

多數的草本和香草植物，環境合宜下生長迅速，仔細觀察枝條插入介質的表面，會看到許多根的萌發；有些含大量根原體的植物，即便未插入地下部的枝條，都會有不定根的萌發的情形，這都表示扦插已經成功。

但有些生長較慢的植物，一般以木本植物為多，只要枝條不失水、沒有枯萎的情形都有機會再生新根。為了確定扦插的發根狀況，可以局部輕輕撥開介質，或用竹筷、鑷子等工具協助挖取插穗，避免直接拔取插穗，以不傷害插穗的方式檢查是否發根。

百合球莖上的鱗片葉，葉基處再出小鱗莖。

育苗的要點

扦插成功後，發根的小苗一定要經過育苗的步驟，使小苗具有完整的根系和根團，定植後才會有更好的表現。幼苗如能照顧好，除了有美觀的株型以外，對環境的適應性較高、對病蟲害的抵抗力也較佳。

重點1／發根後進行移植

發根後的苗株，視品種或植株插穗的大小，宜先移入 2～5 吋盆器，以由小換到大的原則，使用適當的盆器進行育苗。通常可於盆器基部鋪紗網，置入約 1/3 含有機質的培養土後，加入少許的緩效肥或自製堆肥，將小苗移入，填入培養土近 8～9 分滿，壓實土壤後充分澆水，使根系與介質能充分接觸。

扦插成活後，可以竹筷協助取苗，避免傷及新生根系的小苗。

上盆時盆土需稍加壓實，使根系與介質能充分接觸。

重點2／換盆後注意保濕

育苗剛上盆的前 1～2 週，因根部較少仍需注意濕度的維持，有些植物仍需要塑膠袋保濕的處理，並移至明亮處培養。1 週後再將塑膠袋移除，使小苗能漸漸適應由高濕到正常的濕度、光照環境下生長。

套塑膠袋是居家最簡便的保濕方法。

Part 1
扦插大知識

Part 2
扦插後管理

Part 3
莖插

Part 4
葉插

Part 5
鱗片插

Part 6
根插

特別企畫

重點3
摘心增加小苗分枝性

育苗階段，為使小苗有較好的生長姿態或較多的分枝，可給予1～2次的摘心，去除頂芽後可促進側枝的發育，經一次摘心可生長出2～3個側枝，二次接心則再生出4～6側芽。如此苗株的地上部，會較未經摘心者有較優的莖幹分佈，能成為叢生狀的飽滿型態，使苗株更具備觀賞價值。

配合摘心處理後，需給予稀薄肥料水，供應適切的養分讓側枝能生長發育健全。

摘心有利於植栽分枝，使盆栽形態更佳。

利用穴盤及海棉塊育苗的好處,是扦插過程中也同時進行育苗的作業。因穴盤及海棉塊具有適當的生長空間,待插穗發根後可移到明亮處,並開始給予稀薄的肥料水,以 1500 ～ 3000 倍為佳。待穴盤底部見到根系長出後,並可輕易將小苗由穴盤中取出,即表示小苗已具備完整且良好的根系。

帶有根團的小苗或長滿根的海棉塊,可以直接定植在花圃或花盆裏,因小苗有良好的根系能較快適應新環境,對環境的變化也具有較佳的緩衝能力,移稙的成活率比起未經育苗只長根的插穗苗來得高些。

穴盤育苗可保持根系的完整。

海棉塊育苗,可以肉眼判斷發根與否。

Part 1
扦插大知識

Part 2
扦插後管理

Part 3
莖插

Part 4
葉插

Part 5
鱗片插

Part 6
根插
特別企畫

苗期的肥料管理

了解適當的育苗環境之後，栽種管護過程中不可或缺的肥料，也與小苗後續的生長狀況有著緊密的關係。

上盆的基肥應以緩效肥或有機肥為主。

與小苗息息相關的基肥

育苗初期宜使用基肥，讓小苗能在生長的第一時間，得到充分的養分以利生長。

基肥以堆肥或緩效性肥為佳，這兩類肥料不似速效肥那般直接，不會傷害剛成活的幼嫩根部；以緩和的方式釋出肥份，或先經土壤介質吸收後，再間接經由小苗根部吸收利用，因此基肥使用得宜，小苗便能在最肥沃的環境開始生長。

磷鉀肥促進根系的發育及苗株的健壯

苗期應注意培養環境，宜放置在充足的光線、通風的生長環境，連水分的管理也要得當。除了選用含磷、鉀量較高的基肥，每當摘心後或育苗階段期間，也可供應 1～2 次含磷、鉀肥較高的稀釋液肥予以補充。

磷肥有助於根系生長及新芽的萌發，在小苗充分生長發育的同時，充足的磷肥能使小苗再生健壯的根系，也有利於新芽的生長與發育。鉀肥則能使葉部產生的養分順利運送到根部或新生的葉片，讓小苗有較佳的抵抗性；充足的鉀肥也能使小苗保持較佳的株型，減少徒長的機會。

Part

3

莖插

無心插柳，柳成蔭，無性繁殖的巧妙處在植物利用自身強大的再生能力而完成，神奇的是，一點也不難。只需要一段枝條在合適的季節進行繁殖，還有什麼花草不能栽的出來呢！

只要瞭解植物莖幹這個部分，便能利用莖段的扦插進行繁殖，但因為莖段由上到下由幼嫩的到最成熟的部分不同，於是有了各種不同扦插方法的名字。

頂芽插
Tip cutting

以植物最幼嫩的一段莖節進行繁殖，別小看這段幼嫩
的莖節，隱藏了植物發育與生長的原點，這個莖頂處
的無窮生機有著最旺盛的生命力，再生力最強、發根
的速度最快，繁殖出的新生命，無論是生長勢、品質
都是一等一的棒。

🌿 如葡萄酒紅般的葉色

紫絹莧

Alternanthera dentate sp.

產自西印度，莧科的多年生草本植物，具蔓性的枝條極易密生成群。卵圓形葉片嫩葉色鮮紅，成熟葉色有如葡萄酒紅般的高貴，繁殖可用分株、扦插等。

Part 1
扦插大知識

Part 2
扦插後管理

Part 3
莖插・頂葉插—彩葉植物

Part 4
葉插

Part 5
鱗片插

Part 6
根插

特別企畫

1 選取部位

多年生草本植物，適合剪取頂芽插進行繁殖。

2 栽培方式

取帶頂芽約 3～5 節，長度 5 公分的莖段為插穗。剪選插穗後，應移除下方 1～2 片葉，局部去除葉片。

插穗可直接扦插在 3 吋盆中，每盆約可扦插 5 枝插穗的方式進小盆栽培育，完成後需澆水，置於半陰處並給予保濕處理。

標準插穗

帶頂芽

5 公分

3～5 節

3 後續管理

發根後給予少許緩效肥，同時配合修剪、摘心動作，稀釋液肥以利分枝的生長。待根團長出後，可直接定植花圃中或用做盆栽欣賞。

2～3 週後發根

常用於花壇大面積栽植、密生的植群十分搶眼，用做盆栽及組合盆栽也極為適合，適應性強、耐旱耐熱性均佳。

🍃 夏季花壇裡的主角 ───────────

彩葉草

Coleus sp.

繁殖 適期	春 🍂	夏 🍂	秋 🍂	冬 🍂 低溫生根較慢

唇形花科一年生或多年生草本植物，對環境的適應性佳，全日照及半陰涼處都可生長良好，就連台灣夏季的高溫、多雨也不怕，成了夏季花壇裡的主角。繁殖方法以播種及扦插為主。

> 居家不可錯過的彩葉植物，多變的葉形、葉色，不必栽種到開花，光只是葉子就能讓花園充滿色彩。

圖片提供／SARA

Part 1
扦插大知識

Part 2
扦插後管理

Part 3
莖插．頂葉插─彩葉植物

Part 4
葉插

Part 5
嵌片插

Part 6
根插

特別企畫

1 選取部位

多年生草本植物，適合剪取頂芽插進行繁殖。

2 栽培方式

取帶頂芽約 3 ～ 5 節、長度 5 ～ 10 公分的莖段為插穗。剪選插穗後，可局部去除葉片，防止因過度失水造成的失敗。

因彩葉草生根快速，可直接以 3 吋盆搭配單枝插穗的方式，進行育苗或小盆栽的生產，若環境合宜也可直扦插到長形花槽中。

3 後續管理

🌿 當植栽生根後可給予一次的摘心，以利分枝的生長，提高小盆栽的觀賞價值。

🌿 扦插後 2 週，給予稀薄液肥或緩效肥以利初期的生長。

🌿 育好苗的 3 吋盆植栽，可定植於花壇中或做組合盆栽的材料。

🌿 彩葉草於春、夏季生長快速，應適度給予修剪，以維持植群的美觀。

標準插穗

帶頂芽

5～10公分

3～5節

約需 1 週的時間再生出新根。

白網紋草

Fittonia verschaffeltii sp.

繁殖適期	春	夏	秋	冬
	🍃		🍃	

產自南美洲、秘魯等地，爵床科多年生草本植物。淡雅的葉色有織網狀的脈絡。栽培品種眾多如小白網紋草、紅網紋草等。細看白網紋草全株密佈絨毛，方形的莖最為明顯，十字對生的橢圓形葉片，呈低矮狀的匍匐生長。因莖節易生不定根，因此利用扦插繁殖為主。

> ● 屬小型觀葉植物，好溫暖多濕的環境，溫度過低時易發生落葉的現象，冬季需注意避寒。
>
> ● 光線不足莖葉容易徒長失去觀賞價值，植株徒長後也不易於管理。
>
> ● 挑選白網紋草，應以枝條平鋪在盆缽上密生的植栽株為佳。

1 選取部位

為多年生草本植物，利用頂芽插方式
繁殖。

2 栽培方式

取帶頂芽約 3 ～ 5 節、長度 5 公分
的莖段為插穗，並移除下方 1 ～ 2 片
葉，局部去除葉片。

可直接扦插在 3 吋盆中，每盆約可扦
插 8 ～ 10 枝插穗，進行小盆栽培育。

3 後續管理

當枝葉開始復甦時，給予少許緩效
肥，配合修剪、摘心的同時給予稀釋
液肥以利分枝的生長。

紅網紋草也是剪取頂芽進行扦插

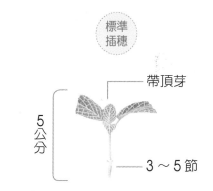

標準
插穗

帶頂芽

5
公
分

3 ～ 5 節

約 1 個月或 4 ～ 5 週的模樣

2 ～ 3 週後發根

Part 1 扦插大知識

Part 2 扦插後管理

Part 3 莖插・頂葉插—彩葉植物

Part 4 葉插

Part 5 鱗片插

Part 6 根插

特別企畫

🍃 高彩度的金、黃葉色相當亮眼

遍地金

Lysimachia congestiflora

繁殖 適期	春	夏	秋	冬
	🍃		🍃	

原產在印度及中國一帶，報春花科的多年生草本植物。葉片色彩有金、有黃、有綠，天氣較涼時新芽呈現紅色等，常見於春末初夏間開花。那一團團的金黃色花序開放在枝條上也頗為熱鬧。繁殖方法以分株、扦插等。

1 選取部位

為草本植物，利用頂芽插繁殖。

標準
插穗

2 栽培方式

取帶頂芽約 3～5 節、長度 5～8 公分的莖段為插穗，並移除下方 1～2 片葉片，視扦插季節可局部去除葉片。扦插後記得澆水，置於半陰處並給予保濕處理。

可直接扦插在 3 吋盆中，每盆約插 5～8 枝插穗的方式進小盆栽培育。

帶頂芽

5～8 公分

3～5 節

3 後續管理

當枝葉開始復甦或發新芽時，可給予少許緩效肥。再配合 1～2 次的摘心作業，同時給予稀釋液肥以利分枝。

2～3 週後發根

❝
具匍匐莖，柔軟的枝條用做吊盆或小盆栽，欣賞高彩度的美麗葉色。
❞

Part 1
扦插大知識

Part 2
扦插後管理

Part 3
莖插‧頂葉插─彩葉植物

Part 4
葉插

Part 5
鱗片插

Part 6
根插

特別企畫

🌱 耐陰性佳，適合室內栽培

銀葉蝦蟆草

Pilea spruceana

繁殖適期	春	夏	秋	冬
	🍃	🍃	🍃	🍃

分佈在中南美洲秘魯一帶，蕁麻科的多年生草本植物，具匍匐生長特性，植株平貼於地面上而生，卵形葉子為紅色對生具皺摺，葉脈上兩道銀斑，不管是吊盆或小盆栽都極為特殊。

1 選取部位

為多年生草本植物，利用頂芽插方式繁殖。

2 栽培方式

取帶頂芽約 3～5 節、長度 5～8 公分的莖段為插穗，並局部去除下位葉片。

取 3 吋盆扦插約 5～8 枝插穗，以進行小盆栽培育，記得澆水後置於半陰處並給予保濕處理。

3 後續管理

當枝葉開始復甦或發新芽時，可給予少許緩效肥，並每月給予 1～2 次稀釋液肥以利生長。

標準插穗

帶頂芽

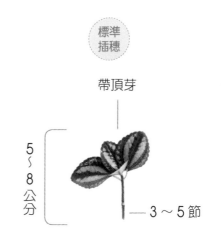

5～8公分

3～5 節

2～3 週後發根

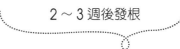

> 須注意濕度的維持，利用葉面的噴霧以補充空氣中不足的濕度。

擁有舒緩情緒的香氣

羽葉薰衣草
Lavendula pinnata

繁殖 適期	春	夏	秋	冬

屬唇形花科多年生常綠灌木或亞灌木，產自地中海一帶，薰衣草的香味具有緩和緊張、安撫壓力…等功效。羽葉薰衣草為常見的品種之一，花期長、花形大極具觀賞價值，但內含高量的樟腦酮等成分，僅用於花壇及盆花的生產，並不適合食用。

> 栽培時應防止夏季豪雨及艷陽，越夏後可進行扦插或強剪，以利新生枝條的萌發或更新植株。

圖片提供／田蓍慮

1 選取部位

選擇優良強壯的枝條,從帶頂芽下方三節處剪取。

2 栽培方式

將帶頂芽的插穗剪取後,如帶花穗之枝條應予以剪除,避免插穗內養分的浪費,有利於成活率的提高。視季節保留枝條上的葉片,最下方一對葉片應摘除,以利扦插進行。

3 後續管理

發根後可直接上盆定植,以 3 株為一盆,或直接將成活的苗定植於花圃中。

標準插穗

帶頂芽

5公分

從頂芽下方三節處剪取

1～2 週後發根

🍃 帶有清涼味的葉片很是討喜 ————————

薄荷
Mentha sp.

繁殖 適期	春	夏	秋	冬

唇形花科的多年生草本植物,橢圓形葉對生,具有地下走莖,植株雖呈現匍匐性或倒伏狀,但生長勢驚人。薄荷繁殖法常見以播種、扦插、分株三種。可以直購種子,於穴盤上點播育苗,約 7 天左右便能發芽。除利用扦插繁殖外,可於秋季進行分株。

"
●薄荷忌連作,老化的介質易使薄荷生長不良,可利用秋季分株,一來可更新盆土,二來分株後的薄荷能夠再次茂盛。

●根系較不忌潮濕,喜好生長於潮濕的地方,栽培時應避免盆土過於乾燥。
"

圖片提供／謝采芳

1 選取部位

選取強壯、節間密實的枝條為佳。

2 栽培方式

取帶頂芽枝條以 9 ～ 15 公分為插穗，
最下方 2 對葉片摘除，以利扦插進行。
可直接插水長根後上盆，或直接扦插
在 3 吋盆中，每盆插入 5 段插穗，待
長新葉後，可以摘心 2 回，便能長滿
3 吋盆。

3 後續管理

薄荷再生根的速度快，能再生出許多
根系。每個 3 吋盆可移入 3 ～ 5 枝的
發根插穗，給予堆肥或緩效肥供給初
期的生長。

標準
插穗

帶頂芽

9
～
15
公分

摘除最下方 2 對葉片

1 ～ 2 週後發根

Part 1　扦插大知識

Part 2　扦插後管理

Part 3　莖插・頂葉插—香草植物

Part 4　葉插

Part 5　鱗片插

Part 6　根插

特別企畫

鳳梨鼠尾草

Salvia officinalis

繁殖適期	春	夏	秋	冬
	🌱			🌱

原產墨西哥，短日照植物，一般入秋後會開始開花，至隔年春季均為花期，若不慎將其栽種在有燈光照明處，則多不開花。適應台灣平地氣候環境，生性強健栽培容易。株高可達 60 ～ 70 公分左右。

Part 1
扦插大知識

Part 2
扦插後管理

Part 3
莖插．頂葉插─香草植物

Part 4
葉插

Part 5
鱗片插

Part 6
根插

特別企畫

1 選取部位

選取強壯、節間密實的枝條為佳。

2 栽培方式

取帶頂芽且長度有三個節間、約 9 ～ 15 公分的插穗後，最下方 1 對葉片摘除，以利扦插進行。

鳳梨鼠尾草發根迅速，可以直接扦插在 3 吋盆中，每盆插入 3 段插穗。

3 後續管理

待長新葉後摘心 2 回，便能長滿 3 吋盆。

標準插穗

帶頂芽

9～15公分

3 節

1 ～ 2 週後發根

可直接扦插於 3 吋盆中

> 盛夏時要注意過度乾燥及豪雨造成根部積水，為除止因盛夏株勢老化乾枯而亡，入秋後可強剪，以利新枝的萌發，萌發後的新枝，可選取強壯枝條，進行扦插。

全株帶有甜味，花朵可作香草茶

甜萬壽菊

Tagetes lucida

| 繁殖
適期 | 春 | 夏 | 秋 | 冬 |

直譯其英名 Sweet Marigold 而來，又稱為「墨西哥龍艾」。台灣平地適合栽培。
葉片全緣的甜萬壽菊，和其他的萬壽菊羽狀複葉極為不同，可依此做為鑑別，且
整株帶有類似甜甜肉桂或茴香的氣味，在菜園裡種上幾株，可具有驅除線蟲等忌
避害蟲的功效。

"

● 生性強健，適合庭園栽
培，盛花時一片金黃色
花海極為美觀。

● 栽培時應防止夏季豪雨
及艷陽，越夏後可進行
扦插或強剪，以利新生
枝條的萌發或更新植
株。於秋後花期結束後，
應予以強剪，避免植株
老化。修剪下來的枝條，
不論頂芽或嫩枝均可做
為插穗進行繁殖。

"

圖片提供／田碧鳳

Part 1
扦插大知識

Part 2
扦插後管理

Part 3
莖插·頂葉插—香草植物

Part 4
葉插

Part 5
鱗片插

Part 6
根插

特別企畫

1 選取部位

選取強壯、節間密實的枝條為佳。

2 栽培方式

將帶頂芽長度約 9 ～ 15 公分長的插穗
剪取後，最下方 2 對葉片摘除，如插穗
帶花朵應予以摘除，有利扦插成活。

插穗可直接扦插在 3 吋盆中，每盆插入
5 段插穗，待長新葉後，可以摘心 2 回，
便能長滿 3 吋盆。也可以剪取較成熟的
老枝，於春季直接插在花圃中，為極易
繁殖的居家香草之一。

3 後續管理

每個 3 吋盆移入 3 段發根插穗，給予
緩效肥以供應初期生長。待根團長滿
後，便可定植到花槽或花圃裡。

標準
插穗

帶頂芽

9
～
15
公分

摘除最下方 2 對
葉片

1 ～ 2 週後發根

澳洲迷迭香

Westringia fruticosa

繁殖 適期	春	夏	秋	冬
	🌿		🌿	

屬唇形花科多年生常綠小灌木，產自澳洲海岸岩石上，但外形卻和產自地中海一帶的迷迭香相仿，但本種不含香氣，葉片為銀白色的葉片，和常見迷迭香的濃綠色、具黏性的葉片大大不同。原為海濱植物，澳洲迷迭香格外耐熱、耐風、耐貧瘠，對土壤適應性很廣。

> 根部忌潮濕，栽培應注意栽植在排水良好的區域或選用排水性佳的介質。

Part 1
扦插大知識

Part 2
扦插後管理

Part 3
莖插・頂葉插─香草植物

Part 4
葉插

Part 5
葉片插

Part 6
根插

特別企畫

1 選取部位

以植株外側、向陽充實的枝條，及頂生的一年生枝條扦插較易成活，扦插發根的時間較長。

於春或秋季進行適量的修剪，利用修剪增加樹冠的緻密度，一方面修剪下來的枝條，可進行扦插。

2 栽培方式

將帶頂芽、長度約 9 ～ 15 公分長的插穗剪取後，摘除最下方 4 ～ 5 對輪生葉片，以利扦插進行。

澳洲迷迭香為披針葉片，具有絨毛等構造較不發生失水現象，可保留枝條上的葉片，以利發根所需的碳水化合物形成。

標準
插穗

3 後續管理

發根後可直接上盆定植，育苗期間應給予 2 ～ 3 回的摘心，以利緻密樹冠的形成。

9
～
15
公分

帶頂芽

摘除最下方 4 ～ 5 對輪生葉片

3 ～ 4 週後發根

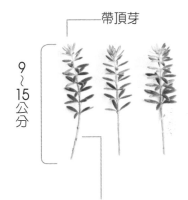

香草植物的**穴盤育苗法**

Step 1

將市售的 72 孔穴盤，進行適當截剪，以 15 個孔洞為一個。填入珍珠石、蛭石或不帶肥份的三合一介質，先將介質澆透後，再剪下各類香草的頂芽插穗，一一插入穴盤中。

Step 2

回收市售盛裝葡萄的 PVC 塑膠盒做為保濕之用，再將插有香草的穴盤置入其中，如介質潮濕，可不必要先行澆水。將塑膠盒密閉後，置於光線明亮處，避免放置日光直射處。

Step 3

視季節及香草植物種類，需經 2 ～ 3 週不等的時間，進行發根的過程。期間得檢查或注意塑膠盒上方是否有水氣，如有水氣則不需再澆水，如水氣較為稀薄或不帶水氣時，宜再澆水一回，補充水分。

Step 4

穴盤育苗的好處，可使每根插穗有合理的生長空間，因此所得的苗較為健壯。待根部長出穴盤後的孔洞，便可以由孔洞後方處，以指尖輕頂，取出帶完整根團的香草苗，直接上盆或栽入花圃中栽培。

Step 5

定植初期，應給予充足磷肥及有機肥做為基肥，以利生長期間補充營養，上盆後之香草植物，可移到全日或半日照處栽培。

香草植物的**海棉塊育苗法**

海棉塊或岩棉塊原使用在水耕栽培的介質。利用其本身吸收固定性佳的特性，大量使用在播種或扦插繁殖，每塊海棉本身獨立且距離相當，可供種子發芽或扦插初期的生長，且剝離和上盆容易，有助於根團建立等好處，也有助於量化的生產，常見用於聖誕紅及觀賞花木的繁殖。

這種繁殖法同穴盤扦插法一樣，小苗均帶有完整根系，唯一不同在於海棉本身固著枝條能力較好，較不易晃動因此生根較佳。若無法取得栽培用海棉，也可利用插花用的 Oasis 綠海棉，切取適當大小塊狀後備用。

Step *1*

先將海棉塊充分泡水，再將剪取好的插穗各別插入海棉塊中。

Step *2*

將插滿香草苗的海棉，直接放置於透明塑膠容器中或淺水盤上保濕。

Step *3*

將透明塑膠容器密封，放在明亮處約 1～2 週的時間，多數香草植物即可發根。

Step *4*

發根後直接剝離取下海棉塊，帶根系一起定植上盆，海棉塊會隨時間自行分解。

情人菊

平地適合種植，四季皆可賞花

Argyranthemum frutescens 'Golden Queen'

繁殖適期	春	夏	秋	冬

產自澳洲、南歐等地的菊科，多年生草本。生長強健，喜好排水良好及日光充足的栽培環境。繁殖以扦插為主，可於秋涼後進行強剪，配合肥料給予，以利枝條更新。

Part 1
扞插大知識

Part 2
扞插後管理

Part 3
草插·頂芽插—草花植物

Part 4
葉插

Part 5
鱗片插

Part 6
根插

特別企畫

1 選取部位

以強健節間、充實的帶頂芽枝條為佳。

2 栽培方式

以頂芽插穗為主，可視頂芽狀況，每穗帶 1～2 頂芽均可。取帶頂芽 3～5 節、長度以 5～10 公分為佳的枝條，剪除花苞及花朵。扞插時下位葉易發生腐爛，宜剪除部分下位葉。

3 後續管理

發根後可先假植到 3 吋盆中，移到光照充足處，待根團長滿後可移入花槽、花圃中定植。

標準
插穗

2～3 週後發根

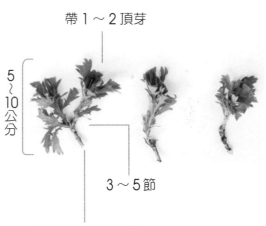

帶 1～2 頂芽

5～10公分

3～5 節

剪除花朵與下位葉

> 對台灣平地適應性廣，常用做春夏草花使用。花期長達全年，可配合輕剪及每季施肥一次，常保美觀。

四季秋海棠
Begonia semperflorens

繁殖適期	春	夏	秋	冬
	🍂		🍂	

產自巴西，秋海棠科的多年生草本。卵圓形葉片恰如蚌殼般，因此又稱之「蚌葉秋海棠」；具有蠟質葉片，看來油亮亮的也稱 wax begonia。繁殖方式以播種居多，但可以扦插繁殖。

> 四季秋海棠比起台灣的原生海棠耐旱，栽在日光充足處花開良好，花色以紅、白、粉紅三色居多，花期長幾近全年，為台灣常見草花，但夏季常因高溫、強光生長不良。越夏方式可移自陰涼處，並維持盆土濕潤，避免排水不良。

Part 1 扦插大知識

Part 2 扦插後管理

Part 3 莖插・頂芽插─草花植物

Part 4 葉插

Part 5 鱗片插

Part 6 根插

特別企劃

1 選取部位

以強健、節間充實的枝條為佳。可利用越夏後的植株為插穗母本，先行一次的修剪，配合肥料施予，讓越夏後的植株再生出新生枝條，以新生的枝條為插穗來源。

2 栽培方式

取帶頂芽約 3～5 節，長度 5 公分的莖段為插穗。剪選插穗後，應移除下方 1～2 片葉，局部去除葉片。

插穗可直接扦插在 3 吋盆中，每盆約可扦插 5 枝插穗的方式進小盆栽培育，完成後需澆水，置於半陰處並給予保濕處理。

3 後續管理

發根後可將插穗移至 3 吋盆中定植。定植後可進行摘心動作，以利側芽發生，有利於良好株形的建立。（做法同非洲鳳仙花，請參考 p.75）

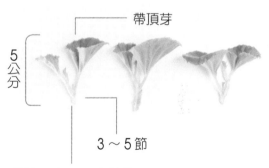

標準
插穗

帶頂芽

5公分

3～5節

移除下方 1～2 片葉

非洲鳳仙花

Impatiens walleriana

繁殖適期	春	夏	秋	冬
	🍂		🍂	

產自非洲，鳳仙花科的多年生草本植物。果莢具有特異功能，可以自力傳播成熟的種子，只要輕觸的果莢，噗通的一彈，四處散佈的種子是傳播後代的最佳方式。商用的草花為確保花色的正確性，以 F1 種子繁殖居多，但其實鳳仙花利用扦插一樣可以繁殖，尤其是重瓣品種，僅能以扦插法維持。

新幾內亞鳳仙花也適用頂芽進行扦插。

> ❝ 非洲鳳仙花是花壇、庭園景觀、盆花、吊盆及家居佈置常使用的草花。 ❞

圖片提供／SARA

Part 1
扦插大知識

Part 2
扦插後管理

Part 3
莖插・頂芽插─草花植物

Part 4
葉插

Part 5
鱗片插

Part 6
根插

特別企劃

1 選取部位

草本植物以頂芽插穗為主，生根及生長速度快，且成苗的品質佳。

2 栽培方式

Step 1

以帶頂芽 3 ～ 5 節、長度 5 ～ 10 公分的莖段為插穗，去除花苞及花朵，剪除下位葉以利扦插，並剪除部分葉片。

標準
插穗

帶頂芽

5～10公分

3 ～ 5 節

修剪花朵

Step 2

將 3 吋盆放入半滿的珍珠石，將插穗插入時，可利用竹筷協助頂芽插穗的插入。3 吋盆約可育 3 ～ 5 根頂芽插穗。

Step 3

拉保鮮膜封住盆口，利用封閉的盆身，可形成保濕的小空間，有利插穗生根及再生。

Step 4

最後，可在保鮮膜上標註植物名稱與扦插日期，幫助紀錄。

Part 1
扦插大知識

Part 2
扦插後管理

Part 3
莖插．頂芽插│草花植物

Part 4
葉插

Part 5
鱗片插

Part 6
根插

特別企畫

3 後續管理

Step 1

發根後可將插穗移至 3 吋盆中定植。在
盆器中填入 1/3 培養土後，置入少許
緩效肥為基肥。

2 ～ 3 週後發根

Step 2

接著就可置入長根的小苗，填滿培養土，於植株四周輕輕壓實。

Step 3

定植後可進行摘心動作，以利側芽發
生，有利於良好株形的建立。

淡雅的藍色小花

藍星花

Oxypetalum caeruleum

繁殖適期	春	夏	秋	冬
	🌿		🌿	

產自北美洲，旋花科的半蔓性常綠小灌木。花期全年，以夏、秋季間花開最盛，藍色的小花點點綻開，極為淡雅，細看每朵花心處還有白色小星星在閃爍呢！繁殖以扦插為主。

> 庭園佈置、花壇、盆花、地被使用的植栽，好溫暖及光照充足的地方栽植為佳。雖為多年生的小灌木，但台灣常以一年生的草花運用，密被白毛的葉片帶點絲絨的光澤。

1 選取部位

以強健節間、充實的枝條為佳。

2 栽培方式

取帶頂芽 3 ～ 5 節、長度 5 ～ 10 公分的莖段為插穗。去除花苞及花朵，剪除下位葉以利扦插。

藍星花生根繁殖極為容易，可以直接用上盆的扦插方式進行，不需育苗。插穗上盆時，由中心部向外開始扦插，以密插滿盆為佳。

插滿盆後，澆水至介質完全濕透為宜，並利用封口袋由下往向上套的方式進行保濕，如於冬寒季節繁殖，可將封口袋套起密封，也具有保暖的作用。

3 後續管理

發根後可見插穗有明顯生長的跡象，可直接於盆土上灑佈少許緩效肥，移到光線充足處以利藍星花的生長。

標準插穗

帶頂芽

5～10公分

3～5節

去除花苞及花朵，剪除下位葉

1～2週後發根

上盆後需保濕

Part 1 扦插大知識

Part 2 扦插後管理

Part 3 莖插・頂芽插—草花植物

Part 4 葉插

Part 5 鱗片插

Part 6 根插

特別企畫

耐旱、耐高溫的夏季植栽

繁星花

Pentas lanceolata

繁殖 適期	春	夏	秋	冬

產自非洲、馬達加斯加等地，茜草科的多年生草本。可愛的筒狀小花有如一叢叢的星星綻放，花色常見以紅、粉紅、白三色為主。繁殖以扦插為主，可於秋涼後進行強剪，配合肥料給予，以利枝條更新，秋涼後進行插穗剪取。

" 花期長達全一年，花期集中在春末至夏秋季，但主要用做春、夏季草花。耐旱、耐高溫及低維護管理的特性，成為普遍栽種的盆花及花壇植栽，是提供蜜源最佳的誘蝶。 "

圖片提供／SARA

Part 1
扞插大知識

Part 2
扞插後管理

Part 3
莖插・頂芽插─草花植物

Part 4
葉插

Part 5
鱗片插

Part 6
根插

特別企劃

1 選取部位

以強健節間、充實的帶頂芽枝條為佳。

2 栽培方式

頂芽插穗為主，取帶頂芽 3 ～ 5 節或長度 5 ～ 10 公分為佳的枝條，剪除花苞及花朵，並剪除下位葉及葉片部分；有時因取穗的母本枝條所限，剪取的插穗長度不一。

可利用塑膠透明杯保濕，在杯底置放蘭石及 1 ～ 2 公分的水位，杯底需打洞設置溢流孔，避免澆水不慎造成水位過高。

3 後續管理

發根後可先假植到 3 吋盆中移到光照充足處，待根團長滿後再移入花槽、花圃中定植。

標準
插穗

帶頂芽

5
～
10
公
分

3 ～ 5 節

發根後移植 3 吋盆，
接受充足日照

1 ～ 3 週後發根

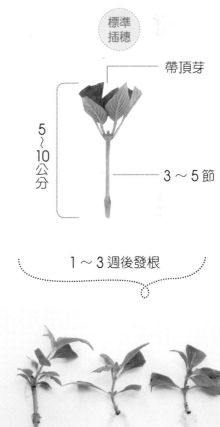

耐炎夏的柔美草花

松葉牡丹
Portulaca grandiflora

繁殖適期	春	夏	秋	冬
	（春末）			

產自南美洲，馬齒莧科多年生草本植物。肉質極為耐旱及烈日，為夏季最佳的草花。單朵花的壽命不長，只有一天朝開夕死，但薄薄的花冠卻無比柔美。花色多也有重瓣品種，花期長由春末開始至秋季。繁殖以播種或扦插為主。

> 耐旱、耐熱、耐強光的她們卻不太耐寒，冬天葉片會掉光以枝條越冬，應予以節水避免過濕，以利來年的再生。

1 選取部位

以強健節間、充實的枝條為佳。

2 栽培方式

以頂芽插穗為主，剪除頂芽插穗後的枝條，也可以莖段進行扦插繁殖。取帶頂芽、長度 10 ～ 15 公分的充實枝條為佳，不需除葉，並讓切口乾燥後再行扦插。扦插時介質應澆濕，就不需要保濕措施。

扦插前一週應置於明亮處，以利插穗再生。環境條件適合時，可直接扦插在苗圃裡，不需格外育苗也能生長良好。

3 後續管理

發根後可見插穗有明顯生長的跡象，移至光照充足處並配合肥料可有利生長。

標準插穗

帶頂芽

10
～
15
公分

不需除葉

切口乾燥後扦插

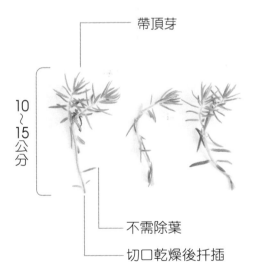

1 ～ 2 週後發根

Part 1
扦插大知識

Part 2
扦插後管理

Part 3
草插‧頂芽插—草花植物

Part 4
葉插

Part 5
鱗片插

Part 6
根插

特別企畫

● 適合作單植吊盆或小品盆栽 ─────────

翠玲瓏、鐵線草

繁殖適期	春	夏	秋	冬
	🍃	🍃	🍃	

Callisia repens、*Muehlenbeckia complexa*

翠玲瓏產自熱帶美洲，鴨跖草科的多年生草本植物。肥厚的肉莖及厚實的葉片，讓她們兼具了多肉植物般的能力，一片片互生油亮的葉片，和可長達數尺的莖匍匐在地面而生，沒人理也能自己成趣般的生長。

鐵線草產於紐西蘭，蓼科的多年生蔓性植物，每根枝條最長可以長到 4.5 公尺長。生性強健、耐陰性佳，但好高濕應避免過於乾燥的環境，但根部也忌浸水。可每年予以修剪一回，並於隔年 3～4 月進行分株及換盆的作業。

翠玲瓏

鐵線草

" 浪漫的柔美線條、青翠的枝葉成了風情極佳的藤蔓植物，適用做組合盆栽配植及綠雕。 "

喜愛濕潤環境的鐵線草也適用水插法。

Part 1 扦插大知識

Part 2 扦插後管理

Part 3 莖插・頂芽插—藤蔓植物

Part 4 葉插

Part 5 鱗片插

Part 6 根插

特別企畫

1 選取部位

剪取充實的枝條或只取帶頂芽的枝條，以至少 3 節或 5 ～ 9 公分長的莖段為佳。

2 栽培方式

剪取一段適當長度並帶有頂芽的插穗，剪除下位 1 ～ 2 片葉後，再插入介質中。以中心點開始向外的方式，依序插入。

生長較慢，因此扦插時以滿盆插及直接扦插 3 吋盆為佳。

3 後續管理

5 ～ 6 月春、夏間時進行扦插，生根速度快，約 2 ～ 3 週即可發根。待新葉長出後，給予緩效肥以利初期的生長。

標準插穗

鐵線草

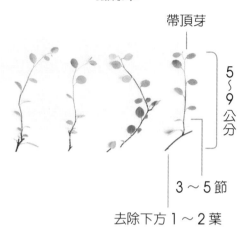

帶頂芽

5～9公分

3～5節

去除下方 1～2 葉

翠玲瓏

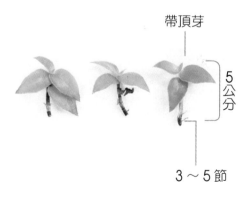

帶頂芽

5公分

3～5節

2～3 週後發根

秀氣的吊盆植栽

玉唇花／柳榕

Condonanthe sp.

繁殖適期	春	夏	秋	冬
	🍃	〰	🍃	〰

產自中南美洲，苦苣苔科多年生蔓性草本，肥厚的葉片，讓她們能適應著生在樹幹及岩壁上的環境。繁殖用播種及扦插均可，但以扦插為主。

> 對生的圓形葉片、纖細的枝條，及散佈其間的筒狀小白花，讓她們成為最佳的吊盆植栽，尤其秀氣的花朵及四季會開花的特性，極受歡迎。

1 選取部位

取帶頂芽 3 ～ 5 節、長 5 ～ 8 公分的莖段為插穗。

2 栽培方式

除了帶頂芽的插穗，也可取整段枝條扦插剪取適當插穗，去除最下一對葉片，插滿在 3 吋盆中後，以塑膠袋由下而上套起，給予保濕處理為佳。

3 後續管理

栽種環境濕度高，玉唇花的插穗極易發根，於春、秋適期約 2 ～ 3 週發根，給予緩效肥以利初期的生長。

Part 1 扦插大知識

Part 2 扦插後管理

Part 3 莖插．頂芽插—藤蔓植物

Part 4 葉插

Part 5 鱗片插

Part 6 根插

特別企畫

標準
插穗

3～5公分

2 ～ 3 節

去除最下方一對葉

薜荔

Ficus pumila

繁殖適期	春	夏	秋	冬

台灣原生種，桑科榕屬的多年生藤本植物，蔓生的莖幹極易生出不定根，常見其攀附在石壁、樹幹、水泥牆上等地。當薜荔成株後會長出硬挺的枝幹，結出大型有如無花果般的隱頭花來，果實一樣可以製成愛玉。繁殖以扦插法為主。

> 薜荔未成熟時的葉片小，互生的卵形葉攀附壁面上十分美觀，綠化效果佳，也常見用於都市河堤、高架橋樑柱及大面積的牆面綠化上，若栽成小盆栽及附石時野味十足。

1 選取部位

剪取充實枝條、帶頂芽的莖段為插穗。

2 栽培方式

取 3～5 節、長 5 公分左右，剪除插穗下方 1～2 片葉，即可將插穗直接扦插在盆栽中。初期需維持介質的濕潤，置於半陰處以利長根。

3 後續管理

- 季節合宜時不需特別保濕，只需注意初期的介質濕潤程度，置於半陰處，發根後給予適量的緩效肥，以利初期的生長。
- 附石植栽應每年進行一次修剪，並給予適當的肥料，以利枝葉繁茂。

標準
插穗

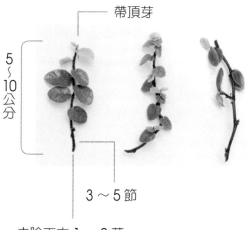

帶頂芽

5～10公分

3～5 節

去除下方 1～2 葉

Part 1 扦插大知識

Part 2 扦插後管理

Part 3 莖插・頂芽插 — 藤蔓植物

Part 4 葉插

Part 5 鱗片插

Part 6 根插

特別企畫

🍃 野趣橫生，適合作小品盆栽

越橘葉蔓榕
Ficus vaccinioides

繁殖適期	春	夏	秋	冬
	🍃	🌿	🍃	🌿

分佈在台灣花東及蘭嶼的特有種植物，桑科榕屬的多年生常綠蔓性木本植物。生性強健，在枝條的每段節位上，都能長出不定根附著及蔓延在樹幹上、礁岩上，非常適應台灣的氣候環境，做為綠色護坡質感絕佳，繁殖方法以扦插為主。

> ❝ 居家做小品盆栽及附石時野趣橫生，觀賞性高。 ❞

1 選取部位

剪取充實枝條，以 3～5 節、長 5～10 公分長的莖段為插穗。插穗下方葉應予剪除 1～2 片葉。

2 栽培方式

可剪取適當的莖段長度，將下位葉剪除 1～2 片後，扦插入三合一介質中。

或是以少許水苔包覆插穗基部，並將其塞入岩石的隙縫或孔洞。最後，將岩石放置於盛水的水盤，以利岩石充分吸水並具有保濕的效果，以利新根再生。

3 後續管理

🍃 季節合宜時不需特別保濕，只需注意初期的介質濕潤程度，置於半陰處。

🍃 發根後給予適量的緩效肥，以利初期的生長。

🍃 附石植栽應每年進行一次修剪，並給予適當的肥料，以利枝葉繁茂。

標準插穗

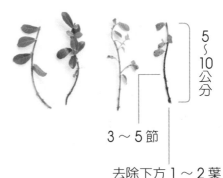

5～10公分

3～5節

去除下方 1～2 葉

2～3週後發根

為營造盆趣，可以發根後直接附石培養，以利附石盆景的養成。

Part 1 扦插大知識

Part 2 扦插後管理

Part 3 莖插‧頂芽插——藤蔓植物

Part 4 葉插

Part 5 鱗片插

Part 6 根插

特別企畫

常春藤

Hedera helix

繁殖適期	春	夏	秋	冬

廣泛分佈在歐洲、南美西部、亞洲及澳洲，屬五加科常綠藤本植物，台灣也有原生品種。生性強健、耐陰性佳，喜好排水性佳的介質，夏季常因空氣濕度過低、容易有紅蜘蛛蟲害以外，其實管理容易，只要注意空氣濕度的維持，及介質的排水性，養好常春藤非難事。繁殖主要以扦插為主。

圖片提供／SARA

Part 1
扦插大知識

Part 2
扦插後管理

Part 3
莖插・頂芽插—藤蔓植物

Part 4
葉插

Part 5
鱗片插

Part 6
根插

特別企劃

1 選取部位

取帶 3 ～ 5 節、長度 5 公分左右的頂芽插穗為佳，去除下位 1 ～ 2 片葉即可。

2 栽培方式

頂芽插穗插活的常春藤盆栽，因每枝插穗生長勢較為一致，形成的小盆栽品相較佳。

除了選取頂芽插穗，也可取一段充實枝條的扦插，將下方葉片去除 1 ～ 2 片後，直接將枝條由盆中心處插入，以中心向外的方式，剪取適當的長度，依次插到滿盆為止。插好後的 3 吋盆小盆栽，浸潤盆土介質或澆水後，予以保濕以利發根及再生。

3 後續管理

🍃 新葉或新枝梢生長後，給予緩效肥以利初期的生長。

🍃 常春藤於涼爽的季節生長較快速，可於涼季每週或每月給予稀薄液肥，以利蔓生的枝條生長。

> 66
> 兼具柔美和浪漫外型。蔓生的莖段，極易生出不定根，以不定根攀緣大行飛簷走壁的功夫，多變葉形及不同的斑葉色彩，讓常春藤魅力十足。
> 99

標準插穗

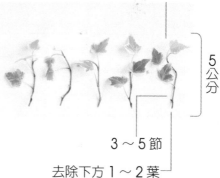

帶頂芽

5公分

3 ～ 5 節

去除下方 1 ～ 2 葉

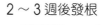

2 ～ 3 週後發根

灰綠冷水花

Pilea glauca 'Greizy'

繁殖適期	春	夏	秋	冬
	🌿		🌿	

產自中南美洲，蕁麻科多年生草本植物，是嬰兒眼淚的近親。
低矮的植株會密貼般的在地面上生長，好排水應避免澆水過度，喜愛陽光充足及溫暖的氣候，適合移至明亮處栽植。繁殖方法可用分株、壓條及扦插等。

> 灰綠冷水花小小的圓葉上，多了灰藍的色調和紅褐色的匍匐莖，成了恰當又不過分的對比色調，種成吊盆或小品盆栽都令人品味再三。

1 選取部位

取充實枝條段,帶頂芽插穗 3～5 節、長度 5 公分的莖段為插穗。

2 栽培方式

每枝插穗應含 2～5 節,去除最下一對葉片,插滿在 3 吋盆中後,澆水維持介質濕度即可,灰綠冷水花節間易發根,不需特別保濕處理。

3 後續管理

灰綠冷水花發根時,枝條會明顯挺立或可見根生長的情形,可給予稀釋 2000～3000 倍液肥或適量的緩效肥,以利初期的生長。

標準
插穗

2～3 週後發根

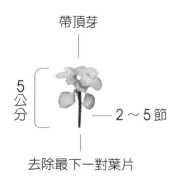

帶頂芽

5
公
分

2～5 節

去除最下一對葉片

Part 1 扦插大知識

Part 2 扦插後管理

Part 3 莖插・頂芽插—藤蔓植物

Part 4 葉插

Part 5 鱗片插

Part 6 根插

特別企畫

🍃 喜歡生長在田埂、河邊，適合當水景植物 ─────────

大木賊
Equisetum hyemal

繁殖適期	春	夏	秋	冬
	🍃		🍃	

產自北美洲的大木賊與台灣原生木賊，同為木賊科的多年生蕨類植物，喜歡生長乾砌的河岸及水溝邊上、或見於水田的田埂上。在物資缺乏的年代，木賊的莖部成了菜瓜布的代用品。大木賊具有廣大的地下走莖及叢生株型，常見以分株為繁殖方法，也可利用其地上莖進行扦插法繁殖。

❝
大木賊除了用於水景佈置上，也可單做為觀賞性的盆栽，直線性的莖更成為花藝常用的素材。喜好陽光和濕潤的土壤環境。
❞

Part 1
扦插大知識

Part 2
扦插後管理

Part 3
莖插·頂芽插——蕨類植物

Part 4
葉插

Part 5
鱗片插

Part 6
根插

特別企畫

1 選取部位

可選取帶頂芽、或嫩枝插穗。

2 栽培方式

剪取充實枝條、9～15公分長的莖段，扦插在泥炭土或爛泥的介質中。最後將扦插好的枝條，連盆浸泡在水盤中，以利大木賊的再生。

3 後續管理

大木賊發根及再生度較慢，需3～5週的時間，且小苗初期生長緩慢或在盆缽中扦插數枝插穗，經一年的生長及適量的有機肥供給，以利株型的養成。

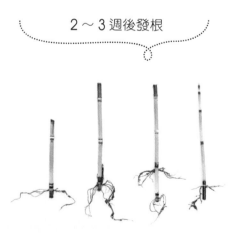

2～3週後發根

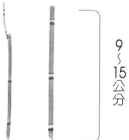

9～15公分

可愛小巧的田字葉

田字草

Marsilea minuta

繁殖適期	春	夏	秋	冬

常見分佈在台灣水田及濕地處，蘋科多年生水生蕨類植物。十字對生的小葉正如「田」字般造型，極為有趣，也因為與酢醬草（雜草鹽酸草）極為相像，又稱為水鹽酸。具有地下走莖，再由莖節上長出葉片來。繁殖常見以分株、扦插等為主。

1 選取部位

利用田字草的地下走莖為繁殖材料，因地下走莖的莖節上多數已長根，因此扦插易成活。

2 栽培方式

選取強健地下走莖、5～19公分長的莖段為插穗，可直接扦插在馬克杯中，並填入約6～8分滿的泥岩土、爛泥或美國矽砂等介質，再加水到約略高於介質表面，以利生長。

3 後續管理

除了帶頂芽段的插穗，其他插穗多數已具備根系，待新芽及新根長出後，可給予2000～3000倍的稀薄液肥，以利初地下走莖和5～19公分莖部插穗初期生長。

 標準插穗

莖部插穗

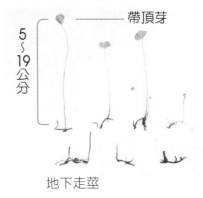

帶頂芽

5～19公分

地下走莖

1～2週後發根

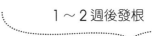

" 栽培時宜注意介質，需要維持潮濕或以腰水培養。 "

Part 1
扦插大知識

Part 2
扦插後管理

Part 3
莖插・頂芽插—蕨類植物

Part 4
葉插

Part 5
鱗片插

Part 6
根插

特別企畫

🌿 天藍般的金屬光澤葉片

翠雲草 / 藍地柏

繁殖適期	春	夏	秋	冬

Selaginella uncinata

卷柏科的蕨類植物，常見分佈在台灣北部山谷間、林蔭處及溪間旁，較為陰暗及潮濕處都可見翠雲草的生長。繁殖方式以分株、扦插或孢子繁殖，但以扦插為主。

1 選取部位

剪取充實枝條，2～3公分長的莖段為插穗。可選取帶頂芽、或嫩枝插穗。

2 栽培方式

直接由中心處向外的方式，密插在小型盆吊中。在剪取插穗時，應注意枝條的方向，避免反方向扦插。栽種的介質要充分濕潤，扦插後需適度保濕以提高成活率。

標準插穗

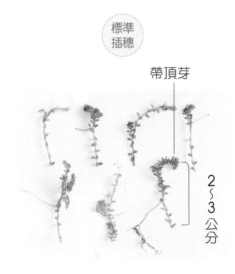

帶頂芽

2～3公分

3 後續管理

環境濕度高有利於翠雲草發根。發根後，可給予稀釋2000～3000倍的液肥或緩效肥，以利初期的生長。

2～3週後發根

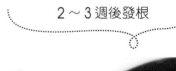

" 柔美的兩列小葉上，會泛著有如天藍般的金屬光澤，用做盆栽極為美觀。生性強健的卷柏科蕨類，移入室內栽培時應注意好高濕的特性，可利用玻璃花房的方式栽培她們，或時時補充葉間的濕氣，便能在室內欣賞到她們特殊的柔美氣質。"

嫩枝插／硬枝插
Soft wood cutiing& Hard wood cutting

廣義的嫩枝包含了頂芽的部分，但一般通指不含頂芽卻未成熟的枝條，莖節帶有鮮綠色的皮，又稱為「綠枝插」。嫩枝插適用對象不限於草本植物，灌木或正值花期的草本植物，也常用到嫩枝進行扦插繁殖。硬枝是指發育成熟、充實滿飽的枝條，為家居扦插繁殖最常用的莖段。硬枝可依發育的程度及成熟的時間不一，分為半硬枝及硬枝兩種。

Part 1 扦插大知識

Part 2 扦插後管理

Part 3 莖插・嫩／硬枝插—觀花植物

Part 4 葉插

Part 5 鱗片插

Part 6 根插

特別企畫

🌿 花朵像燙熟的紅蝦

小蝦花

Beloperone guttata

繁殖適期	春	夏		秋	冬
	🍂	🌿（成活率稍差）		🍂	🍂

爵床科的常綠小灌木，因花朵像極燙熟的蝦子得名，也稱之「紅蝦花」。花期從春至秋季，四季常開，但總是一波波接著開，且多集中在春和夏末之間。以扦插為主要繁殖法。

1 選取部位

健康、充實的枝條為佳。

2 栽培方式

1. 頂芽插

選取帶頂芽 3～5 節、長度 9～15 公分為佳，枝條下方第 1～2 對葉可摘除，葉片可部分剪除以利扦插進行。

2. 嫩枝插

取完頂芽插穗的下方枝條，可再取 3～5 節的長度為插穗，盡量保留至少 2～3 對葉片，以利扦插成活率的提高。

3 後續管理

扦插發根約 2～3 週的時間，發根後可移至 5 吋盆中定植，或直接定植在花圃中。

標準插穗

頂芽插

9～15公分

帶頂芽

嫩枝插

3～5 節

2～3 週後發根

❝

耐旱、好日照充足處，耐陰性不佳，光照不足開花量會明顯減少，忌積水及排水不良。

❞

花形優雅，世界知名花木

茶花
Camellia sp.

繁殖適期	春	夏	秋	冬
		✿	✿	

產自中國、朝鮮、日本和印度等地，山茶科的常綠灌木或小喬木。
茶花花期集中在冬、春季，性喜陰涼、潮濕、半日照環境，栽培時應以富含有機質、
肥沃偏酸性、排水性良好的土壤為佳。繁殖方法有播種、扦插及嫁接法。

> 中國著名的觀賞花木，於十八世紀傳入歐洲成為世界知名的花木。經過千年的栽培演進，現今品種繁多，不論花形花色都令人目不暇給。香奈兒更以茶花做為時尚、優雅和美麗的意像設計，成了流行的經典。

圖片提供／謝采

1 選取部位

選取當年度發育充實的枝條，多為春季花期後所萌發，於夏秋季發育成熟的枝條為佳。

2 栽培方式

取帶頂芽的、至少 3 ～ 5 節莖段，或 15 ～ 20 公分長的枝條為宜，如所選擇的枝條具有膨大的花芽予以摘除，適度去除下位葉片。扦插在排水良好的濕潤介質中，適度保濕後置於半陰處，等待根部的再生。視品種或為提高發根率可使用發根粉增加成活率。

3 後續管理

茶花扦插視品種不定（本頁示範品種為金魚王），約經 4 ～ 8 週發根再生，生根後的茶花小苗可移入 3 吋盆中先行育苗。

標準
插穗

嫩枝插

帶頂芽

9 ～ 15 公分莖段插穗

4 ～ 8 週後發根

Part 1 扦插大知識

Part 2 扦插後管理

Part 3 莖插・嫩／硬枝插—觀花植物

Part 4 葉插

Part 5 鱗片插

Part 6 根插

特別企畫

🍃 藍色花朵像蝴蝶般飛舞

藍蝴蝶

Clerodendrum ugandense

繁殖適期	春	夏	秋	冬

●春末夏初扦插生根較快

產自非洲的馬鞭草科常綠灌木，適應台灣氣候，全日或半日照的環境均能開花，但植株較怕冷，北部栽植冬季寒流時，會有落葉或產生休眠的現象。除播種外枝條、根部均可扦插，蘗芽行分株等繁殖也可，但商業繁殖以扦插為主。

> 花期長，多集中在夏、秋兩季開花，藍色的花朵像蝴蝶般飛舞，盛花時極為美觀。

圖片提供／SA

1 選取部位

選取健康、節間短且充實的枝條為佳。

2 栽培方式

1. 嫩枝插

取帶頂芽 3 ～ 5 節、長度 10 ～ 15 公
分為佳，枝條下方第 1 ～ 2 對葉可去
除，葉片可部分剪除。

2. 半硬木插

取完頂芽插穗後，下方充實的嫩枝條也
可為插穗，應保留葉片並適度剪除。

3 後續管理

發根後可移至 3 吋盆中進行育苗，待根
團長出後再定植在花圃中或庭園間。

標準
插穗

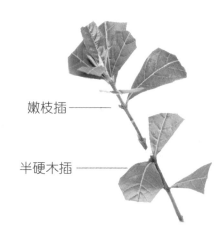

嫩枝插 ————

半硬木插 ————

2 ～ 3 週後發根

Part 1 扦插大知識

Part 2 扦插後管理

Part 3 莖插・嫩／硬枝插—觀花植物

Part 4 葉插

Part 5 鱗片插

Part 6 根插

特別企畫

🍃 花朵呈漸層藍色，金黃果實搶眼

蕾絲金露華

Duranta repens 'Takarazuka'

產自南美洲，馬鞭草科常綠灌木，早年引進台灣做為庭園觀賞植物，也為良好的蜜源植物。除了具有美觀的淡藍色的花序，花後串串金黃色的果實更為搶眼，因此也稱之「金露華」，品種有金露華、黃金金露華及蕾絲金露華等，也有白花品種。繁殖法可用播種、扦插或高壓法，但以扦插為主。

> 蕾絲金露華花瓣具有由紫至白的漸層色，且開花性好，可用作盆花、綠籬及灌叢使用。

1 選取部位

選取健康、節間短且充實的枝條為佳，秋季選取插穗時應將花序剪除。居家以嫩枝插、半硬木插及硬木插穗較佳。

2 栽培方式

1. 嫩枝插

帶 3～5 節、長度 10～15 公分的嫩枝條為佳，下方第 2～3 對葉可摘除，葉片局剪除以利扦插進行。

2. 半硬木插或硬木插

盡量保留葉片，如無葉片發根較慢一些。

3 後續管理

發根後可移至 3 吋盆中進行育苗，待根團長出後可用做綠籬或景觀佈置用。

標準插穗

嫩枝插

剪去頂芽的花序，枝條長度約 10～15 公分

半硬木插

2～3 週後發根

Part 1 扦插大知識

Part 2 扦插後管理

Part 3 莖插‧嫩/硬枝插—觀花植物

Part 4 葉插

Part 5 鱗片插

Part 6 根插

特別企畫

🌿 帶刺的王冠

麒麟花

Euphorbia milii

產自非洲馬達加斯加，大戟科的常綠灌木，英文名 Crown of Thorns 可譯成「帶刺的王冠」！品種繁多，除常見的小花種外，近年還引進許多花色美麗的大花品種，好全日照環境，耐旱性佳及排水良好的介質為佳。繁殖以扦插為主。

❝
麒麟花四季常開、繁殖管理容易的特性，為居家最好種的盆花植物之一，但得小心她們的白色乳汁會令人皮膚腫脹、灼熱疼痛，如不慎誤食會令人作嘔或拉肚子等過敏反應。
❞

圖片提供／謝采

Part 1
扦插大知識

Part 2
扦插後管理

Part 3
莖插．嫩／硬枝插──觀花植物

Part 4
葉插

Part 5
鱗片插

Part 6
根插

特別企畫

1 選取部位

剪取帶有頂梢的強壯枝條，或利用局部修剪時的過密枝條，選取強壯健康的枝條為插穗。

2 栽培方式

麒麟花大花品種，常可見於花序中長出不定芽，先將不定芽剪取後，去除下位葉。取帶有頂芽、10～15公分長度為佳，傷口處會流出白色乳汁，應避免碰觸並待其傷口乾燥，直接扦插定植於3吋盆中。也可將傷口乾燥後的枝條，待置於水中先行發根，再定植於3吋盆中育苗。

3 後續管理

待發根後根團長好後，再定植到3～5吋的花盆內用做觀花盆栽。

標準
插穗

嫩枝插

帶頂芽

10
～
15
公分

傷口乾燥後插盆，
或置水中發根

發根後定植到花盆

2～3週後發根

🍂 花色一日三變饒富趣味

木芙蓉
Hibiiscus mutabilis

繁殖 適期	春	夏	秋	冬

●花期過後的冬、春季為佳

錦葵科的小灌木，花色由初開的白、粉紅至凋零前的桃紅色，也因此被戲稱為「醉芙蓉」。具單瓣及重瓣品種，產自中國，與台灣原生種山芙蓉 Hibiscus taiwanensis 極為類似，不同之處在於木芙蓉掌狀葉的葉尖較尖。繁殖以播種（重瓣花不結果）、扦插、壓條和分株均可，但以扦插為主。

"
與台灣的山芙蓉一樣，花期多集中在秋、冬季，對環境的適應性佳，如栽植於陽光充足及排水良好處，開花性更佳，近年成為台灣極佳的觀花植物。
"

圖片提供／SARA

Part 1
扦插大知識

Part 2
扦插後管理

Part 3
莖插・嫩／硬枝插──觀花植物

Part 4
葉插

Part 5
鱗片插

Part 6
根插

特別企畫

1 選取部位

選取當年生、健壯充實的枝條為佳,或將修剪後之枝條擇優取穗,進行扦插。

2 栽培方式

1. 嫩枝插

取帶有 3 ～ 5 節、長度 10 ～ 15 公分為佳。如帶有花苞需將花苞剪除,視季節保留枝條上的葉片,枝條下方 1/2 處葉片應摘除,留取之葉片可部分剪除,以利扦插進行。

2. 半硬木插

因木芙蓉下方枝條不帶葉片,可直接取 3 ～ 5 節長度、10 ～ 15 公分的莖段為插穗。將各段插穗的 1/2 長度,插入內置蛭石約 1/2 ～ 2/3 量的 6 吋高盆中,有利於濕度維持。冬季可外套塑膠袋,維持濕度及保溫,有利於枝條發根。

3 後續管理

發根後可移至 5 吋盆中先行育苗,待根團長好後,再定植或移栽至庭園中。

標準插穗

嫩枝插

帶頂芽嫩枝

10～15公分

3～5節

摘除枝條下方 1/2 處葉片

3 ～ 4 週後發根

半硬木及硬木插

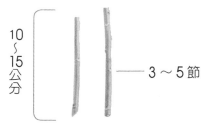

10～15公分

3～5節

109

扶桑
Hibiscus sp.

●扶桑發根溫度需在 24℃以上，溫
度低發根慢，冬季扦插應給予保溫

又稱「朱槿」，起源於中國，在中國和印度等亞洲國家已有很長的歷史，現為夏威夷州花、馬來西亞國花。扶桑不需發根粉協助也極易生根，商用繁殖也以以扦插為主，一來可提供較大的種苗量，二來也有利於盆花的生產。

" 花色變化多，以白、紅、橙、粉紫、黃與棕色等 6 個色系交織形成不同的顏色變化。花朵洋溢著熱情奔放的感受，近年經園藝化雜交品種良多，台灣光照充足、低溫期不長，適合扶桑生長，喜歡排水和通氣性佳的介質，適應性廣可露地栽植。 "

1 選取部位

可用頂芽或嫩枝插，生根速度快，雖成株較慢，但生長率一致，有利於盆花的生產。如選取半木質化或完全木質化枝條為插穗，雖發根時間較久，但一旦發根長芽後成株速度快，缺點是生長速率較不一致。

2 栽培方式

1. 嫩枝插

取帶頂芽 3 ～ 5 節、長度 10 ～ 15 公分為佳。如帶有花苞須剪除，枝條下方 1 ～ 2 片葉片應摘除，並視季節保留枝條上的葉片。

2. 半硬木插

選取帶 3 ～ 5 節、長度 10 ～ 15 公分的充實枝條為插穗。

3 後續管理

發根後先栽在 3 吋盆中以利根團的養成，養成後可定植 8 吋盆中做盆花欣賞，或移入庭園中佈置用。

2 ～ 3 週後發根

標準插穗

嫩枝插

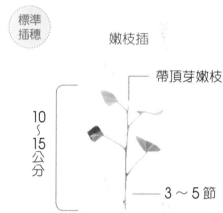

帶頂芽嫩枝

10 ～ 15 公分

3 ～ 5 節

半硬木插

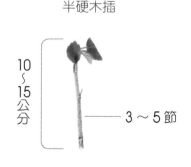

10 ～ 15 公分

3 ～ 5 節

Part 1 扦插大知識

Part 2 扦插後管理

Part 3 莖插・嫩／硬枝插─觀花植物

Part 4 葉插

Part 5 鱗片插

Part 6 根插

特別企畫

🍂 花色漂亮，佈置好搭配

馬纓丹、長穗木

繁殖 | 春 | 夏 | 秋 | 冬
適期 | （成活率低）

Lantana camara 、 *Stachytarpheta jamaicensis*

馬鞭草科常綠灌木，現已馴化在台灣，皆為良好的蜜源植物。馬纓丹四季常開花，為頭狀花序或繖房花，具色彩變化因此又稱「五色梅」。長穗木花期集中在夏季，為頂生的無限花序，長長的花穗上花朵會一朵朵接著開，花期長達一個月以上。

長穗木

馬纓丹

> 馬纓丹花色多有橙、紅、黃、白、紫及粉紅等，因花色豐富、耐旱性佳、對環適應性高，成了景觀佈置常用的植物之一。
>
> 長穗木常用於盆花、綠籬及景觀佈置上。好光線充足處，生長強健，對環境適應性廣，耐旱性也佳。

Part 1 扦插大知識

Part 2 扦插後管理

Part 3 莖插・嫩／硬枝插──觀花植物

Part 4 葉插

Part 5 鱗片插

Part 6 根插

特別企畫

1 選取部位

剪取插穗時應將花序剪除,選取健康、節間短,且充實的枝條為佳。

2 栽培方式

1. 嫩枝插

帶 3 節、長度 5～9 公分為佳,枝條下方第 1 對葉可摘除,可部分剪除葉片。

2. 半硬木插

取完帶頂芽的嫩枝插插穗後,下方充實的枝條也可為插穗,可僅量保留葉片,並適度剪除。也可利用穴盤進行扦插的育苗,以利生產花壇用的盆花。

3 後續管理

🍃 頂芽及嫩枝插穗的長根速度,較半硬木插穗生根速度快,如未做好保濕動作,容易脫水而扦插失敗。

🍃 發根後可移至 3 吋盆中進行育苗,待根團長出後再定植在 5 或 8 吋盆中,馬纓丹經由數次摘心及修剪可成為球形馬纓丹,增加商品價值。

2～3 週後發根

馬纓丹　　　　長穗木

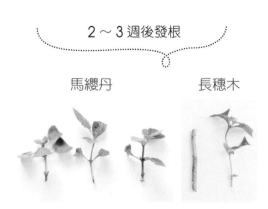

標準插穗　　馬纓丹

嫩枝插

帶頂芽

5～9 公分

3 節

摘除枝條下方第 1 對葉

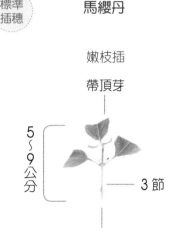

標準插穗　　長穗木

嫩枝插　　　　　　半硬木插

帶頂芽

9～15 公分　　　　9～15 公分

🍃 枝條細長，株型柔弱優美

藍雪花
Plumbago auriculata

| 繁殖適期 | 以春至夏初或夏末至秋季為佳，盛夏進行扦插易因病菌感染而失敗，冬季扦插溫度低，生根速度慢。 |

產自南非，藍雪花科的多年生灌木，枝條細長株型柔弱優美，也有白花品種的藍雪花，頂生的穗狀花序看似一團團的藍色花球，為酷暑帶來一點清涼。花期集中在夏、秋兩季之間。藍雪花易生蘖芽，可於春季進行分株繁殖，但繁殖仍以扦插為主。

> 在台灣適應性佳，配合株高的控制及肥培管理，每年應給予 1～2 次的修剪為宜，是居家不可錯過的觀花植物。

1 選取部位

於春季可配合換盆及修剪的同時，進行扦插繁殖。夏季插穗應選健壯充實的嫩枝及半成熟枝條為佳。

2 栽培方式

取 3～5 節、長度 10～15 公分的嫩枝莖段為佳，枝條下方第 1～2 對葉可去除。夏、秋季之插穗，應去除花朵並剪除部分葉片。

3 後續管理

發根適溫在 20～25℃。發根後可移至 3 吋盆中進行育苗，待根團長出後再定植在花槽中或做盆花欣賞。

標準
插穗

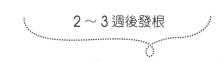

2～3 週後發根

半硬木插　　　嫩枝插

10
～
15
公分

3～5 節

枝條下方第 1～2 對葉可去除

Part 1
扦插大知識

Part 2
扦插後管理

Part 3
莖插・嫩／硬枝插—觀花植物

Part 4
葉插

Part 5
鱗片插

Part 6
根插

特別企畫

🍂 四季都有紅葉可賞

紅葉鐵莧 / 威氏鐵莧

Acalypha wilkesiana

繁殖適期	春	夏	秋	冬

●春末夏初生根速度較快

產自熱帶的大戟科常綠灌木，英名 copperleaf，又名「銅葉鐵莧」，台灣常見的觀葉灌木之一。適應性佳、耐修剪，葉片形成的紅色樹籬格外顯目，利用扦插極易繁殖。

1 選取部位

選取當年生健壯、節間充實的枝條為佳。

嫩枝插

2 栽培方式

1. 頂芽插、嫩枝插

取帶頂芽或選取嫩枝，以 3 ～ 5 節或長度 10 ～ 15 公分的枝條均可。穗狀花序應剪除，並摘除枝條下方 1/2 處葉片，留取之葉片可部分剪除，以利扦插進行。

10 ～ 15 公分　帶頂芽

2. 半硬木及硬木插穗

插穗長度以一個拳頭長，或 10 ～ 15 公分的成熟枝條為主，枝條下方應予斜剪，從枝條上方剪至下方。

剪除部分葉片

硬木　　　　　　　半硬木

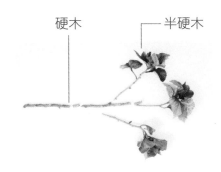

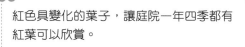

" 紅色具變化的葉子，讓庭院一年四季都有紅葉可以欣賞。 "

Part 1
扦插大知識

Part 2
扦插後管理

Part 3
莖插．嫩／硬枝插—觀葉植物

Part 4
葉插

Part 5
鱗片插

Part 6
根插

特別企畫

3 盆插步驟

選取當年生健壯、節間充實的枝條為佳。

Step 1

將蛭石填入 6 吋盆 1/2～2/3 高度，再依序把插穗插入盆中，插至各段 1/2 的深度，有利於濕度維持。

Step 2

最後，可利用塑膠框架及盆高的介質量，外套塑膠袋維持濕度及保溫，形成小形溫室的空間。冬季天候冷涼時，由上往下套上塑膠袋，除保濕也兼保暖效果，有利生根。在若在早春或秋末氣候較不冷時，塑膠袋由下往上套，可維持高濕避免插穗失水。

3 後續管理

發根後可移至軟盆中育苗，待根團長好後，再定植或移栽至庭園中佈置。

發根後定植

2～3 週後發根

● 品種、葉色豐富的居家必栽植物

粗肋草

Aglaonema sp.

繁殖適期	春	夏	秋	冬
	🌿	🌿	🌿	⚘ 生根較慢

產自東南亞，天南星科多年生草本植物，栽培品種多、葉色變化多，近年更有紅葉的品種出現。在北部戶外栽植時，冬季易發生寒害等現象；全株有毒應避免誤食，如接觸汁液需快速清洗以免引發過敏。

" 適應廣、耐旱耐陰性佳，對肥料需求也不高，可說居家必栽的植物。但植栽非常怕冷，適用做室內盆栽。"

Part 1

扦插大知識

Part 2

扦插後處理

Part 3

莖插．嫩／硬枝插—觀葉植物

Part 4

葉插

Part 5

鱗片插

Part 6

根插

特別企畫

1 選取部位

可將過老的粗肋草進行修剪，以強壯的枝條進行整枝，剪除後的枝條即為插穗來源。

2 栽培方式

1. 頂芽插

以長度 10 ～ 15 公分、帶頂芽的莖段為佳，可摘除部分葉片以利頂芽插進行。

2. 莖幹插

下方充實的莖幹，可剪取 5 ～ 10 公分的數段莖段，橫放在潮濕介質上，增加繁殖的倍率，但長芽及生根速度較慢。

3 後續管理

發根後可移至 3 吋盆中進行育苗，待根團長出後，可以 3 株同時定植在 5 或 8 吋盆中，用做室內觀葉植栽。

標準插穗

頂芽插

10 ～ 15 公分

莖幹插

5 ～ 10 公分

發根時間約 2 ～ 3 週。

🍂 鮮紅新葉搶眼，年節應景

朱蕉 / 紅竹
Cordyline terminalis

繁殖適期	春	夏	秋	冬
	🍃	🌿	🍃	🌱（發根慢）

分佈在夏威夷至紐西蘭，龍舌蘭科常綠灌木，英文名 lucky tree。朱蕉品種繁多，對環境適應性佳，但較喜溫暖怕冷，在半陰暗環境下也能生長良好。繁殖法有播種、扦插、壓條等，但以扦插為主。

常用於庭園景觀佈置，在台灣冬春之際，氣溫較冷涼的季節時，朱蕉鮮紅色的新葉極為搶眼，也常做為年節的插花素材，大紅色的葉片極為應景和討喜。

圖片提供：鄧汶芳

1 選取部位

可利用修剪下來的枝條，選取強壯枝條者為佳，並將下位葉剝除後以利插穗的選取。

2 栽培方式

1. 嫩枝插

以帶有頂芽的枝條扦插，生根速度較快，枝條長度不拘，可依需求剪取，一般建議以 15 ～ 30 公分為宜。

2. 半硬木及硬木插穗

去除頂芽後的枝條，可剪取長度 10 ～ 15 公分的枝條為插穗。

3 後續管理

- 插穗發根約需 2 ～ 3 週的時間。也可用插水的方式，待生根後再定植。

- 朱蕉插水極易生根，約 1 週就可觀察到節間不定根的生長。

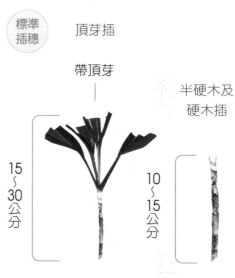

標準
插穗　　頂芽插

帶頂芽

半硬木及
硬木插

15
～
30
公分

10
～
15
公分

2 ～ 3 週後發根

朱蕉枝條插水後 6 週萌發的根系。

Part 1 扦插大知識

Part 2 扦插後管理

Part 3 莖插・嫩／硬枝插—觀葉植物

Part 4 葉插

Part 5 鱗片插

Part 6 根插

特別企畫

🍃 銀白色質地葉子，適合作盆景與綠籬 ──────

銀梧／宜梧

Elaeagnus oldhamii

繁殖適期	春	夏	秋	冬
🍂	●		●	

產自台灣低海拔地區，胡頹子科常綠木本植物，和紅棗可說是近親。耐修剪的銀梧，當綠籬會所形成銀白色籬笆，遠觀銀白色的質地極為醒目，細看葉片上頭可滿佈鱗片極為特殊！繁殖方法可以播種及扦插等，但以扦插較多。

1 選取部位

選取健康、節間短且充實的枝條為佳。

2 栽培方式

取帶頂芽 3 節、長度 9 ～ 15 公分為佳，枝條下方第 1 對葉可摘除，葉片可部分剪除以利扦插進行。

3 後續管理

2 ～ 3 週後發根，發根後可移至 3 吋盆中進行育苗，待根團長出後可為盆景幼木雕琢或用做綠籬植株。

標準插穗

> 66
>
> 銀梧特殊的莖幹適合用做盆景，有十足老態歷經風霜的感覺，因此成為優良的盆景木，冬季結果時，鮮美的果實還能引誘鳥兒造訪。
>
> 99

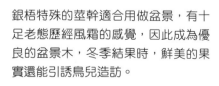

帶頂芽

9 ～ 15 公分

枝條下方第 1 對葉可摘除

Part 1
扦插大知識

Part 2
扦插後管理

Part 3
莖插・嫩／硬枝插──觀葉植物

Part 4
葉插

Part 5
鱗片插

Part 6
根插

特別企畫

🌿 從種苗到開花，時跨兩代

銀杏
Gingko biloba

繁殖適期	春	夏	秋	冬
	🍃（嫩枝）		🍂（硬枝）	

銀杏科的落葉木本植物，生長緩慢由種子苗栽到開花時間極長，需跨兩代的時間，又稱公孫樹。也因葉形似鴨腳又稱為鴨腳樹。銀杏的果實稱之白果，還具有防止老年痴呆的保健功效。

1 選取部位

為草本植物，利用頂芽插繁殖。

1. 春季選取嫩枝

當銀杏由休眠中醒來，萌發當年生的嫩稍，待嫩稍己長到一定長度後，可取下做為插穗。

2. 秋季選取當年生的成熟的硬枝

將進入休眠前，今年新生的嫩稍多數己發育充實，選取適當長度做為插穗。

標準插穗

9～15公分

3～5節

2 栽培方式

剪取 3～5 節、9～15 公分長的插穗。插入裝填約 6～8 分滿、乾淨濕潤介質的 8 吋盆中，有助於保濕及適度遮光的效果。置於半陰處以利新根的萌發，因銀杏發根較慢，可沾發根粉以提高扦插成活率。

4～6 週後發根

3 後續管理

春季扦插者，可將成活的小苗移入 3 吋盆中育苗；秋季扦插者，可待來年春暖後，萌發新枝葉前再移入 3 吋盆中進行育苗。

羽葉福祿桐

Polyscias fruticosa

繁殖適期	春	夏	秋	冬
	🍃	🍃	🍃	✂ （發根較慢）

產自印度、馬來西亞等地，五加科常綠灌木。耐旱、耐陰性皆佳，對土適應性高，只要以排水性良好的土壤介質栽之便可，是綠指新手必栽的植物之一。如放室外，冬天寒流來時會有點黃葉受寒的現象，便要注意；此外其汁液有毒，接觸後快快清洗避免過敏。

" 株形優美、生性強健，加上討喜的名稱有福又有祿的，成為受歡迎的室內植栽。 "

1 選取部位

多年生木本植物，可利用嫩枝及發育充實的半硬木為插穗。

2 栽培方式

1. 嫩枝插

帶有頂芽的枝條扦插，生根速度快，建議以 15～30 公分為宜，應修掉局部葉片。

2. 半硬木插

去除頂芽後的枝條，可剪取長度10～15 公分的枝條為插穗。

3 後續管理

發根後可先定植在 3 吋盆中，就成了賞趣十足的小盆栽。

標準插穗

帶頂芽和 10～15 公分硬木插穗

2～3 週後發根

Part 1 扦插大知識

Part 2 扦插後管理

Part 3 莖插・嫩／硬枝插—觀葉植物

Part 4 葉插

Part 5 鱗片插

Part 6 根插

特別企畫

鵝掌藤

Schefflera arboricola

繁殖適期	春	夏	秋	冬

俗稱「狗腳蹄」及「九加榕」，半蔓性常綠灌木極為耐蔭，具光澤的互生掌狀複葉，圓滾滾的小葉很討喜，經過園藝化選拔品種繁多，在歐洲是很受歡迎的室內植物呢！繁殖除了播種以外，大量化都以扦插為主。

> ❝ 為耐陰性佳的觀葉植物，適做為綠籬及中大型的落地的盆栽，進行室內的佈置。❞

圖片提供／謝采

1 選取部位

健康、充實的枝條為佳。

2 栽培方式

1. 嫩枝插

取 3～5 節、長度以 9～15 公分的插穗為佳，枝條下方第 1～2 對葉片可摘除，葉片可部分剪除以利扦插進行。

2. 硬木或半硬木插

取完頂芽插穗，下方枝條或是成熟化的枝條，可按 3～5 節長度或 10～15 公分長的枝條為插穗。並盡量保留葉片，有利扦插存活。

3 後續管理

扦插發根約需 2～3 週的時間，發根後可移至 5 吋盆中定植或直接定植在花圃中。也可以水耕的方式觀賞到鵝掌藤的美。

標準
插穗

半硬木　　　　嫩枝插

帶頂芽和 3～5 節嫩枝及半硬木插穗

Part 1 扦插大知識

Part 2 扦插後管理

Part 3 莖插・嫩/硬枝插—觀葉植物

Part 4 葉插

Part 5 鱗片插

Part 6 根插

特別企畫

單節插
Single eye cutting

單節插常用於蔓性植物，及莖節易生不定根的植物，
是利用莖段最有效率的一種扦插方法，只要剪取一片
葉和一個節。掌握訣竅後就能大量繁殖出許多可愛的
小盆栽。

Part 1
扦插大知識

Part 2
扦插後管理

Part 3
莖插・單節插

Part 4
葉插

Part 5
鱗片插

Part 6
根插

特別企畫

🍃 常作為淨化空氣的室內植物

黃金葛

Epipremnum aureum

繁殖適期	春	夏	秋	冬
	🍃	✂	🍃	✂

產自所羅門群島,天南星科的多年生蔓性草本植物,和台灣原生的拎樹藤為同科同屬的植物。心形的葉片和蔓生莖,洋溢著熱帶風情;除常見的黃金葛以外,有萊姆黃金葛(陽光黃金葛)及白金葛等品種。繁殖以扦插為主。

1 選取部位

可用頂芽插或嫩枝插行繁殖。

黃金葛易生不定根、再生能力強,可運用單節插的方式提供大量的插穗。但因其插穗本身養分較其他的插法較不足,所再生出的新枝梢就會較為小型。

2 栽培方式

插穗應帶一個節間及一片葉,也可剪取整段充實枝條,直接在盆栽中剪取插盆,由莖節的末端開始,每插入一節後,於葉片上方剪除,就能直接扦插在盆栽,插盆方式從盆器中心向外的方式,將 3 吋盆插滿為止。初期需維持介質的濕潤、給予保濕,並置於半陰處以利長根。

3 後續管理

見到新芽開始由葉腋間萌發時,可給予緩效肥少許,以利新梢的生長,加速佈滿整盆的時間。

標準插穗

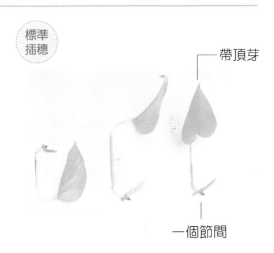

帶頂芽

一個節間

2 ～ 3 週後發根

❝ 適應性佳、病蟲害不多,淨化室內空氣的能力不差,加上好栽、繁殖容易等特性,成了最常見的室內植物之一。❞

🍃 花中之后

玫瑰
Rosa sp.

繁殖適期	春	夏	秋	冬
	🍂		🍂	

●早春、秋末冬初的成功率較高

薔薇科的多年生木本植物,為花中之后,美麗的花容深植人心,花語象徵美麗、愛情與和平。可用播種、嫁接、高壓、扦插等,常見以扦插、高壓為主。

" 經長年的園藝雜交育種之後,現今的玫瑰品種繁多,喜好陽光充足、土壤肥沃的介質,秋季過後宜修剪,並給予適度的肥料,來年春季時玫瑰花開最美。 "

圖片提供／田莙□

1 選取部位

選取發育充實的成熟枝條為佳，嫩莖及完全成熟的硬枝均可作為插穗，從上向下數起，以第 4 ～ 9 節間的枝條為佳。

2 栽培方式

選取插穗的長度，可以單節、雙節、三節或四節以上均可，盡量保留小葉至少 3 ～ 5 片，有利於發根。如為大量繁殖時，以單節扦插可以得到大量的苗，以供應生產所需，如只為居家繁殖，選取至少 2 ～ 3 節的插穗為宜，將插穗插入疏鬆、濕潤的介質中，保濕置於半陰處即可。

3 後續管理

插穗發根約需 4 ～ 6 週的時間，長根後可將小苗移入 3 吋盆中先行育苗，初期應給予含高磷鉀的緩效肥或有機肥，並移至光線充足處以利根團的發育，待根團長好後可移入 8 吋盆中，進行盆栽玫瑰的養成。

> 春季扦插宜於早春進行，如春暖後玫瑰插穗較易先萌發側芽，而使側芽較根部先長出，造成小苗後期易因根部未長成，無法大量供應新葉水分的散失，致扦插失敗。秋末冬初的成功率高於春季，春季扦插可使用發根粉，促進根部的再生。

標準插穗

第 4 ～ 9 節嫩枝和硬枝插穗

單節插　　　　半硬木插

4 ～ 6 週後發根

Part 1 扦插大知識

Part 2 扦插後管理

Part 3 莖插・單節插

Part 4 葉插

Part 5 葉片插

Part 6 根插

特別企畫

白蝴蝶

Syrgonium podophyllum 'White Butterfly'

繁殖	春	夏	秋	冬
適期	🍃	✹	🍃	✹

產自中美洲，天南星科的多年生蔓性草本植物。合果芋品種繁多，以白蝴蝶及紅蝴蝶較為常見，蔓性莖在節簡處易生不定根，以利附著生長。

> ❝ 討喜的心形葉，對比又柔和的斑葉，為優良的室內植栽，冬天較不耐冷，須注意避寒。繁殖以扦插為主。❞

圖片提供／謝采芳

Part 1
扦插大知識

Part 2
扦插後管理

Part 3
莖插・單節插

Part 4
葉插

Part 5
葉片插

Part 6
根插

特別企畫

1 選取部位

大量繁殖時可利用單節插進行，也可
利用頂芽插或嫩枝插等方式進行繁殖。

2 栽培方式

插穗應帶一個節間及一片葉，也可剪
取整段充實枝條，直接在盆栽中剪取
插盆，由莖節的末端開始，每插入一
節後，於葉片上方剪除，就能直接扦
插在盆栽，插盆方式從盆器中心向外
的方式，將 3 吋盆插滿為止。初期須
維持介質的濕潤、給予保濕，並置於
半陰處以利長根。

3 後續管理

發根約需 2 ～ 3 週時間，見到新芽開
始由葉腋間萌發時，可上盆後再給予
緩效肥少許，以利新梢的生長，加速
佈滿整盆的時間。

標準
插穗

帶頂芽

單節

2 ～ 3 週後發根

特殊插穗

Axillary bud, Crown bud and Adventitious bud

許多植物為了適應環境，在莖幹發生了變態，如蘭科及仙人掌科等植物，多數是為了貯藏水分和養分而發生變態，這些莖段的長相雖然與大家熟知的樣子不太相同，卻一樣具備了無性繁殖的能力，稱為變態莖插穗。

另外如百合科及鳳梨科植物，花序上會產生不定芽或冠芽；或仙人掌科及蘆薈科植物利用去除植物頂部，會產生大量側芽的特徵，也讓這些不定芽及側芽成為繁殖的插穗。

🍃 多肉植物的大巨人

亞龍木

Alluaudia procera

繁殖適期	春	夏	秋	冬
		🍂	🍂	

產自非洲馬達加斯加南部,龍樹科的常綠木本植物,最大可長到 18 公尺高,為多肉植物裏的大巨人之一。披著麒麟花又像仙人掌般的外表,長相特殊,卵圓形的葉子藏身在莖節硬棘裡。繁殖以播種及扦插為主。

Part 1 扦插大觀

Part 2 扦插後管理

Part 3 莖插・特殊插穗—多肉植物

Part 4 葉插

Part 5 鱗片插

Part 6 根插

特別企畫

1 選取部位

選取強壯的枝條,但多數時候亞龍木生長緩慢。有時如非必要繁殖,剪取一段枝條後,母株要再生新枝條較緩慢。

2 栽培方式

長度以 10 ～ 15 公分為宜,剪取後待傷口乾燥後扦插,澆水後不需額外保濕。或待傷口乾燥後,2 ～ 3 週長根後再定植也行。

3 後續管理

繁殖適期時,扦插後 2 ～ 3 週後便長根,應注意避免介質過濕,建議每 2 年更換介質一次。

> 生性耐旱十分好栽,雖然生長緩慢,但特殊的外型,總令人不得不驚嘆植物世界的奧妙。

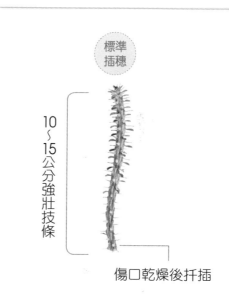

標準插穗

10～15 公分強壯枝條

傷口乾燥後扦插

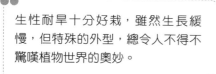

2 ～ 3 週後發根

蕾絲姑娘

Bryophyllum 'Crenatodaigremontianum'

景天科的多肉植物，又名蕾絲公主、森之蝶舞等，為雜交種。不難理解她的名字由來，因其極容易在葉緣處產生不定芽，葉緣上整齊的不定芽排列，有如蕾絲般的質感而得名。繁殖方法以扦插、不定芽等，但以不定芽為主。

> 在全日照下株型較矮小、葉片會泛著紅色的光澤。栽培十分容易，族群散佈的很快，因大量不定芽的產生，不一會兒就能會霸佔陽台及花園的空間。

Part 1
扦插大知識

Part 2
扦插後管理

Part 3
莖插·特殊插穗—多肉植物

Part 4
葉插

Part 5
鱗片插

Part 6
根插

特別企畫

1 選取部位

葉緣上著生不定芽,以不定芽發育充實,只要輕輕一觸碰就掉落的標準,來判斷不定芽是否已經發育成熟。

2 栽培方式

以滿盆扦插的方式,將不定芽由中心向外,插穗下部約略插入介質表面,並保留適當生長的空間。以底部吸水的方式,將介質充分濕潤,或先將介質濕潤後再行不定芽扦插,置於陽光充足處培養,待介質乾燥後再給水。

可選擇具有石縫的石頭或礁石(礁石需先行淡化鹽份處理),於石縫處輕輕填入剪碎的水苔或泥炭等介質,將不定芽放在石縫中。不定芽未生根前 1 ～ 2 週,將成品放置於淺水盤中,加入少許水以濕潤礁石,以利初期的生根及固定於石頭上。

3 後續管理

為使蕾絲姑娘現出群生及豐滿的盆趣,發根後應置於全日照或陽光直曬處,有利於矮、肥、胖的袖珍株型養成,不必給予肥料,只需掌握介質乾燥後再給水的管理原則即可。一份蛇木屑、赤玉土或唐山石均可。

標準
插穗

葉片上的不定芽插穗

1 ～ 2 週後發根

🍃 如蓮座般黑綠葉片 ——————————————

十二之卷

Haworthia fasciata

繁殖	春	夏	秋	冬
適期			🍃	🍃

產自南非的蘆薈科植物，英文名以 Zebra plant 形容那黑白分明的葉片。這一大類植物又稱之 Haworthia 硬葉系，品種多如十二之卷、九輪塔、霜之鶴等。在秋冬季會明顯生長，入夏後生長停滯進入休眠。多以分株或扦插進行繁殖。

> 常見極好栽培的多肉植物，叢生的葉序有如蓮座般，葉片的條帶呈橫紋或斑點，灑在黑綠色的葉片上，如糖霜一般的質地。

1 選取部位

開花後會於花序上的節間產生不定芽，可直剪取下來做為插穗來源之一，或直接利用上半部頂芽作為插穗來源。這類多肉植物生長緩慢，因此繁殖速度也慢，如能利用頂芽去除的方法，可以產生較大量的小苗。

2 栽培方式

從植株上半部約 5～8 公分處將頂芽剝離，可促進下半部的植株葉腋處，產生新的側芽，當側芽長到約母本近 1/2 大小時，可摘取其側芽為插穗，進行繁殖。摘下來的頂芽與側芽必須待其傷口乾燥後，才能扦插，可以直接定植於 2～3 吋盆。

標準插穗

上半部頂芽

3 後續管理

🍃 剛扦插完不需特別保濕處理，初期應置於光線明亮處，並等盆土乾燥後再給水，使用介質以排水良好的配方為主，可於三合一介質中加入一份蛇木屑、赤玉土或唐山石均可。

🍃 發根約 2～3 週的時間，待根部再生後，移到光線充足處培養。

花梗不定芽

2～3 週後發根

Part 1 扦插大知識

Part 2 扦插後管理

Part 3 莖插・特殊插穗—多肉植物

Part 4 葉插

Part 5 鱗片插

Part 6 根插

特別企畫

玉乳柱

繁殖適期	春	夏	秋	冬
		🌱	🌱	

Myrtillocactus geometrizans 'Fukurokuryuzinboku'

初見玉乳柱會有點煽情的想像，但只不過是這種柱狀仙人掌的刺座和稜狀突起，特別大所致。是花市常見的柱狀仙人掌龍神木（英名 Blue candle 譯成藍色蠟燭）的栽培變異種，全株由肉質化的柱狀莖所構成。以扦插繁殖為主。

> 為造型奇趣的仙人掌科植物，特殊的疣狀突起十分有趣。栽培應放置光照充足環境下為宜。

1 選取部位

分為上半部莖幹與下半部莖幹兩個位置的插穗，上半部可直接選取一段15～30公分長的上部莖段。下半部則是指刺座上新生的新芽，待其長到10～15公分高，也可剪下做為繁殖用插穗，且因切口面積小、收口快，再生根的能力也較高；每個生長季，下半部的莖段可以再生2～3個新生枝幹。

2 栽培方式

待插穗傷口乾燥後，3～5天內可直接插入排水良好的培養土中，如莖段長者應立支柱以協助固定，有利於發根。如不直接扦插，將剪下的莖段直接放置於陰涼處，約3～4週左右時間，會在傷口處長出根來，再定植於5吋盆中。

3 後續管理

扦插時不特別保濕，扦插初期介質一定要保持濕潤。經2～3週發根後、移至通風處，及半日照至全日照處培養即可。

 標準插穗

15～30公分長的上部莖段

刺座上新生的新芽

待插穗傷口乾燥再扦插

Part 1 扦插大知識

Part 2 扦插後管理

Part 3 莖插・特殊插穗—多肉植物

Part 4 葉插

Part 5 鱗片插

Part 6 根插

特別企畫

蟹爪般的葉片，花色豔麗

蟹爪仙人掌／螃蟹蘭
Schlumbergera truncatus

繁殖適期	春	夏	秋	冬

●春季花期過後再繁殖

產自南美、巴西等地，仙人掌科多年生草本植物，看似蟹爪般的葉片，實為變態的莖，又稱為「螃蟹蘭」、「蟹爪蘭」，雖有蘭之名但和蘭花一點關係也沒有。多數仙人掌科植物在冬、春季休眠，但蟹爪仙人掌卻在冬、春季生長和開花，

> 多集中在聖誕節前後開放，英文名 Christmas cactus 稱之。雖花期不長但花色十分豔麗，盛花時令人讚嘆。

1 選取部位

可剪除部分過密的葉狀莖，取一節或二節為繁殖插穗。

2 栽培方式

取下的葉狀莖，待傷口乾燥後，直接插入並定植在 3 吋盆中，適合於遮光處、好排水介質。扦插時不特別保濕，只要維持扦插初期的介質濕潤狀態即可。

3 後續管理

2～3 週後發根，發根後在盆土表面灑佈緩效肥，移至通風處及光線明亮處即可。

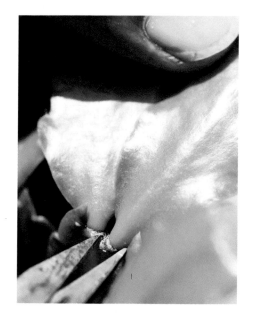

建議春季，即花期過後再繁殖，一來可將開過花的葉狀莖剪除，有利於新葉狀莖的產生，也利於來年的花開。二來經由輕度的修剪，能使蟹爪仙人掌保持良好的株型，在進入夏季休眠前得到最好的體態。秋季繁殖常會將開花的莖段剪下，影響母株開花的品質。

標準
插穗

1～2 節

Part 1　扦插大知識

Part 2　扦插後處理

Part 3　莖插‧特殊插穗—多肉植物

Part 4　葉插

Part 5　鱗片插

Part 6　根插

特別企畫

🍃 水景植栽，洋溢熱帶氣息

輪傘莎草
Cyperus alternifolius

繁殖適期	春	夏	秋	冬
		🍃	🍃	

產自非洲、馬達加斯加島一帶，莎草科多年生水生草本植物，三角形的莖桿極為有趣，和小莎草不一樣的地方，在於頂生花序仍長有放射狀的苞葉（小莎草只有花沒有苞葉），繁殖可以播種、分株及扦插，但以分株為主。

> 看似雨傘的傘骨或風車的造型，又名傘草或風車草。適應性廣、耐陰性佳，成為庭園或水景佈置的常客，植群本身洋溢著熱帶的氣息。

1 選取部位

選取強壯成熟的花序。有時花序上端也會再生不定芽，可直接剪取不定芽進行扦插或定植，均可繁殖再生小植株。

2 栽培方式

著生花穗莖稈不需過長，留 1 公分即可，並將苞葉基部 1～1.5 公分剪除。插入盆的插穗，同樣需在苞葉心部覆土，讓花序節間的部位能接觸到介質，澆水後保濕處理，並置於明亮處。

3 後續管理

🍃 長根及發芽後，給予緩效肥少許，再移到半日照或全日照環境下生長。

🍃 為中大型的挺水型植物，待 3 吋盆根團長滿後要換盆到 5～8 吋盆，有利植株茁壯。

🍃 用做盆花欣賞時建議以腰水或保持介質濕潤。

標準
插穗

強壯的頂生花序

2～3 週後發根

Part 1
扦插大知識

Part 2
扦插後管理

Part 3
莖插・特殊插穗—水生植物

Part 4
葉插

Part 5
鱗片插

Part 6
根插

特別企畫

🍃 球狀火花般的花朵，造型獨特 ─────────────

小莎草

Cyperus haspan

產自北美洲，莎草科的多年生水生草本植物，又名「矮莎草」或「日本紙莎草」，植株由綠色三角莖稈為主體，生有地下莖，葉片退化成鞘葉狀包覆在基部，可看到植株本體有如火花般的花序，以輻射枝為主體呈現立體球狀、放射狀分佈。繁殖以分株及扦插為主，適期全年。

造型獨特，是美麗的水生盆栽。株高約 50 ～ 70 公分，若長於遮陰處株高可達 1 公尺左右。

1 選取部位

以頂生的花序為插穗材料，選取成熟的花序為佳，已經開花者尤佳。

2 栽培方式

需將花序上的輻射枝剪除，僅留基部的 1 ～ 1.5 公分，就可直接將插穗扦插入 3 吋盆中。在輻射枝心部給予少許覆土，以利花序節間中的部位能接觸到土壤，澆水後保濕處理，並置於明亮處。

3 後續管理

- 春夏季之間發根速度快，長根及發芽後可先給予少許緩效肥，再移到半日或全日照環境下生長。
- 小莎草為挺水型的水生植物，可給予腰水或保持介質濕潤以利生長。

標準
插穗

頂生花序插穗

2 ～ 3 週後發根

Part 1 扦插大知識

Part 2 扦插後管理

Part 3 莖插・特殊插穗─水生植物

Part 4 葉插

Part 5 鱗片插

Part 6 根插

特別企畫

🍂 水生名貴花卉

子母蓮 / 睡蓮

Nymphaea sp.

繁殖適期	春	夏	秋	冬
	🍃		🍂	

睡蓮科的多年生水生植物，園藝品種繁多為古老的植物之一，在單子葉及雙子葉植物演化上具有特殊的地位。不論香水蓮、子母蓮、子午蓮均屬熱帶型的睡蓮；現多將「子母蓮」特稱那些葉柄著生處，易發生不定芽的熱帶型睡蓮品種。繁殖方法以播種、分株為主，少部分品種適用葉片上的不定芽進行繁殖。

❝
花期集中在夏、秋季。而另有觀音蓮則屬寒帶型睡蓮，花期集中在冬、春季。睡蓮葉片常平貼於水面上，花色以紅、黃、藍等居多。栽植時盆器大小會限制睡蓮的大小，如栽入大碗或小缽裏，可以表現出睡蓮的生趣。
❞

圖片提供／謝采

1 選取部位

利用不定芽的產生方法，選取成熟、強壯的葉片為佳，將葉片倒置，強迫葉片與母株分離，使不定芽處接觸水面，待不定芽由葉柄中心處長大後取下。

2 栽培方式

由葉柄中心處取下長大後的不定芽，可栽入碗或小缽的盆器中，先填入田土或粘質土壤近 8 分滿後，倒水入缽使盆土紮實，可於泥中置入少許有機肥料，也可放入少許美國矽砂後再栽入小苗，讓水質不易因泥擾動而降低觀賞品質。

或是直接將葉片壓入水中，放置於盛有泥的盆器中，於葉片周圍壓上泥，不定芽朝上的方式，使葉片不飄浮出水面。3 ～ 5 週後不定芽會逐漸長大，直接長根到盆內，待根系長全後，就可得到一株以不定芽增生而來的小苗。

3 後續管理

睡蓮好強光，不論分株或以不定芽來的小苗，建議至少栽植在陽光半日照以上之處，並每年給予一次有機肥，2 ～ 3 年後可進行修根及換土作業，使睡蓮的根系在有限空間中，再一次充分生長。

由不定芽增生的小芽

剪取成熟強壯葉片

倒置葉片

3 ～ 5 週後生不定芽

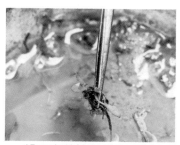
將不定芽拾起栽入小缽

Part 1
扦插大知識

Part 2
扦插後管理

Part 3
莖插・特殊插穗—水生植物

Part 4
葉插

Part 5
鱗片插

Part 6
根插

特別企畫

絨葉小鳳梨、莪蘿

Cryptanthus sp.、 *Orthophytum* sp.

繁殖	春	夏	秋	冬
適期	🍃			🍃

產自南美洲，鳳梨科多年生草本植物。兩者外型有如星星般，不同為莪蘿葉片外緣具有強刺。莪蘿最大的特徵便是開花時直立高挺的花序，自矮小的叢生葉序中抽出，花序的頂端具冠芽。

莪蘿

絨葉小鳳梨

" 絨葉小鳳梨與莪蘿的外型富有個性，是點綴居家佈置的亮眼角色。 "

1 選取部位

當側芽達母株個體的 1/2 ～ 2/3 大小時，就達到剪取標準。

2 栽培方式

新生的側芽與母株本身容易分離，如芽體夠成熟，輕觸側芽即由母體上掉落。將取下的側芽可直接定植在 3 吋盆中。除了一般的土栽法，也可使用苔球栽植法，將側芽插入浸水、形塑成球狀的水苔，保持苔球些微濕潤，絨葉小鳳梨發根後即為室內苔球盆栽。

標準
插穗

莪蘿

大小成熟的冠芽插穗

絨葉小鳳梨

大小成熟的側芽插穗

3 後續管理

發根約 2 ～ 3 週時間，發根後在盆土表面灑佈緩效肥。

標準
插穗

絨葉小鳳梨開花後，會於葉腋間產生 3 ～ 5 株的腋芽（側芽），可直接利用腋芽進行扦插繁殖。

莪蘿可直接利用冠芽扦插進行繁殖。

2 ～ 3 週後發根

Part 1 扦插大知識

Part 2 扦插後管理

Part 3 莖插・特殊插穗―其他植物

Part 4 葉插

Part 5 鱗片插

Part 6 根插

特別企畫

新手不可錯過的入門蘭種

天宮石斛

Dendrobium aphyllum

繁殖	春	夏	秋	冬
適期	🍃	🍃		

●以花期結束後的春、夏間為宜

蘭科石斛蘭屬的多年生草本植物，花期雖不長，但好栽易繁殖。10月後開始節水，有利於偽球莖的充實及飽滿；12月停止澆水，有利落葉及植株進入休眠。經冬季寒流低溫刺激後，於3月春風送暖的季節，開出燦爛的花。

圖片提供／SARA

Part 1
扦插大知識

Part 2
扦插後管理

Part 3
莖插・特殊插穗─其他植物

Part 4
葉插

Part 5
鱗片插

Part 6
根插

特別企畫

1 選取部位

花期結束後剪取充實的偽球莖進行板植。如去年生的偽球莖，還未修剪掉，常可見節間處會生出不定芽，可直接將不定芽剪取作為插穗。

2 栽培方式

最常使用的板植方式，需選用充分泡水的蛇木板或是經壓製的椰纖板，在板上平鋪少許水苔，直接在水苔上將莖節或不定芽剪取成適合長度，就可以棉線輕輕纏繞固定上去。

3 後續管理

🍃 未發根前應保持蛇木板及椰纖板的濕潤，待新芽生出或不定芽根附著上去後，可漸漸移到光照充足處，並給予稀薄的肥料水以利生長。

🍃 入秋前應時時保持蛇木板濕潤及每月一次的肥料水供給（應注意磷、鉀肥的補充）。秋後始結水以利偽球莖的發育充實。隔年開花後待新芽生出、茁壯後，應將開過花的球莖剪除，保持植群的通風。

充實的偽球莖

3～5年後的成株

153

綻放一日的澄黃花朵

金針

Hemerocallis sp.

繁殖適期	春	夏	秋	冬

黃花菜科的多年生草本植物，為中國的母親節花，又名「萱草」、「宜男」、「忘憂草」。屬名 Hemerocallis 希臘文為「一日之美」之意，金針花形美但壽命只有一日之長，英文名以 Daylily 稱之。繁殖法以分株為主。

" 花開一日，但整個花季長達一個月之久，近年東部赤科山及六十石山，花開時的美景成為最吸引人的花海景象。 "

圖片提供／田華

1 選取部位

部分金針品種，花開後於花梗節間易生不定芽，可直接將不定芽剪取下來。成熟的不定芽，有時已可見根部萌發的情形。

2 栽培方式

不定芽已帶有未萌發的根原體，形同分株繁殖方法，定植於 3 吋盆後，初期的保濕有利於根的萌發。

標準
插穗

3 後續管理

- 約 1～2 週根部萌發，給予少許緩效肥，再移到半日照或全日照環境下生長。

- 待根團長滿後，可移到 5～8 吋花盆內定植，有利植株茁壯。不定芽繁殖的小苗，需經 2～3 年栽培才會開花。

- 當植群能開花後，可於每年花期結束後給予適量磷鉀肥，以利根群根部的充實及肥育，有利於來年開花。建議滿盆後每 3 年進行分株一次，以活化並刺激植群的再生，均有利於老株再開。

不定芽插穗

1～2 週後發根

Part 1
扦插大知識

Part 2
扦插後管理

Part 3
莖插・特殊插穗—其他植物

Part 4
葉插

Part 5
鱗片插

Part 6
根插

特別企畫

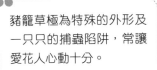 一只只的瓶子吊飾

豬籠草

Nepenthes sp.

繁殖適期	春	夏	秋	冬
	🍃	🍃		

產自熱帶亞洲，豬籠草科多年生的藤蔓植物，奇妙瓶子掛滿身的植物，但豬籠草真正的葉子正是那一只只的瓶子，而像葉子的部分其實是葉柄變成的擬葉。在原生的地方，豬籠草利用變態的葉攀附在灌叢、矮林之上，豬籠草的繁殖以扦插為主。

> 豬籠草極為特殊的外形及一只只的捕蟲陷阱，常讓愛花人心動十分。

1 選取部位

插穗以帶頂芽的莖段為佳，當豬籠草夠大株了，才可剪取莖段進行繁殖。

2 栽培方式

取帶頂芽、10～15公分長的插穗，為防止其枝條失水，可將頂芽上的葉局部剪除，以減少葉片面積減少水分的散失。

扦插的介質以水苔為佳，插穗整理好後，在插穗基部包裹適當的水苔，可用細線固定住基部水苔。將水苔充分沾濕後放入封口袋中，密閉後提高濕度，置於明亮處、禁陽光直曬處培養。

3 後續管理

🍃 豬籠草發根速度慢，約5～8週時間，有些品種發根時間更長些。可以枝節上有無長出新芽做為判定，如長出新芽表示扦插成功。

🍃 將冒新芽的插穗移出封口袋，仍以全水苔為介質栽培，並以塑膠袋由下往上套、袋口朝上的保濕方式，令其能漸漸降低濕度，待葉片長出塑膠袋，就可移到一般環境中栽培。

標準
插穗

帶頂芽

10～15公分

包水苔保溼

5～8週後發根

Part 1 扦插大知識

Part 2 扦插後管理

Part 3 莖插・特殊插穗─其他植物

Part 4 葉插

Part 5 鱗片插

Part 6 根插

特別企畫

Part

4

葉插

落葉不只是歸根而已，還有落地生根的能力，許多植物的葉片能單獨成為繁殖的單位，利用肥厚葉片的本身再生出新的小苗。一片葉要再生成小苗的時間相較於莖及根，所花的時間來得長一些，葉片不只是汲取陽光、行光合作用而已，對某些椒草科、秋海棠科、苦苣苔科、景天科等植物來說，葉片是很重要的繁殖插穗。

全葉插
Whole leaf cutting

葉片是一種奇妙的器官，除了是植物最重要的生產部門，行光合作用產生養分提供全株生長發育、開花結果，還能感知光照長短的變化，配合四季時序落葉、萌芽，更奇妙的是還具備再生的能力，成為繁殖重要的器官。其中以具備肥厚葉片的多肉植物、秋海棠科的各類觀葉秋海棠、苦苣苔科的非洲菫、大岩桐和皮草等，都能藉由肥厚的葉片進行落地生根的本事。

Part 1
扦插大知識

Part 2
扦插後管理

Part 3
草插

Part 4
葉插‧全葉插

Part 5
鱗片插

Part 6
根插

特別企畫

🍃 葉片具豔麗斑紋，亮眼的室內觀葉植物

虎斑秋海棠
Begonia boweri 'Tiger'

繁殖適期	春	夏	秋	冬
			🍂	🍂

分佈在熱帶及亞熱帶，秋海棠科多年生植物，株型、葉型均變化多端，植株的型態由草本、木本、根莖型、球根型至攀緣型的都有，本種產自墨西哥一帶，因葉片上的斑紋得名「虎斑秋海棠」。繁殖以分株及葉插為主。

1 選取部位

虎斑秋海棠為小型種，葉片不大如以裂葉插，其繁殖再生的速度較慢，因此多採用全葉插為佳。

2 栽培方式

選取發育充實、未黃化的的葉片，留取1～2公分的葉柄長度。將葉插穗直接插在含有濕潤介質的保濕盒中，置於半陰處靜待發根，或將葉片直接插在穴盤中，可同時完成扦插發根、小苗再生及育苗作業。

3 後續管理

發根時間約需2～5週，移入2吋盆中育苗，開始給予稀薄液肥，以利小苗的生長。

> 66
> 適應性廣、耐陰性強，性喜溫暖潮濕，冬季注意避免寒害。
> 99

標準插穗

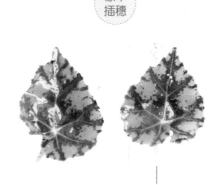

留取1～2公分的葉柄長度

2～5週後發根

特殊硬質地葉肉

臥牛、虎之卷

繁殖適期	春	夏	秋	冬
	●		●	

Gasteria armstrongii、*G. gracilis* var.

兩種均產自南非，蘆薈科硬葉系的多肉植物，具葉全緣的肥厚葉片以二列互生方式排列。蘆薈科的多肉植物，多為夏眠型的多肉植物，較不需全日照環境，在半日照或光線充足處均可生長良好。繁殖方法可用播種、分株及扦插。

臥牛

“臥牛與虎之卷均以鑑賞其肥厚的對生葉序。虎之卷葉片上揚；臥牛葉片則平展或略向下反捲。”

虎之卷

1 選取部位

建議於秋涼後換盆時一併進行，摘除的下位葉進行葉插，可增加得到小苗機會。

2 栽培方式

選擇發育充實的葉片，於葉基處先輕輕使力，適度的左右搖晃肥厚葉片，當葉片開始鬆動時，再使力將葉片於基部取下。取的葉片必需帶到葉白色的葉基處，有時會取到己帶根系的葉片，小苗多於白色葉基處形成。如有不慎拉斷的肥大粗根，可用於根插，增加小苗繁殖的機會。

標準
插穗

全葉插穗

3 後續管理

臥牛及虎之卷的葉片再生小苗及根系時間也較長，需放置 3 ～ 5 個月的時間。如選用的下位葉仍未老化還具有活力，可見到葉基部形成小苗，待小苗長到約 3 ～ 4 片葉片時，可分株栽種在 2 吋盆或穴盤中，進行育苗。

3 ～ 5 月後再生小苗

Part 1 扦插大知識

Part 2 扦插後管理

Part 3 莖插

Part 4 葉插 · 全葉插

Part 5 鱗片插

Part 6 根插

特別企畫

🍃 銀灰肥厚的葉肉可入菜 ────────────

朧月

Graptopetalum paraguayense

繁殖適期	春	夏	秋	冬

產自墨西哥，景天科的多肉植物，銀灰肥厚的葉片和蓮座狀的葉序有如風車般，因此別稱為風車草。冬春生長季時，葉片還會泛著淡淡粉紅光澤。繁殖以扦插為主，繁殖容易，為操作葉插極佳的植物材料。

❝
朧月栽培管理容易，光線充足、介質肥沃及排水良好就可生長良好，其肥厚的葉片入菜成為餐宴上佳餚。
❞

1 選取部位

扦插以莖插及葉插均可,具有落地生根的能力,於原生地只要掉落的葉片就能成功的拓展族群。

2 栽培方式

摘下發育成熟的葉片,待葉片傷口乾燥後,放置陽光充足及排水良好的介質上即可。另一種趣味葉插法,可將葉片放置在含一點介質的貝殼、枯木或礁岩的縫隙上,利用其葉片自生的能力,可培植出許多有趣的迷小盆栽。

3 後續管理

葉片再生小苗約 3 ～ 5 週的時間,當小苗長到 4 ～ 5 片葉後,可移入穴盤或 2 吋盆進行育苗,以利苗期的茁壯。

Part 1 扦插大知識

Part 2 扦插後管理

Part 3 莖插

Part 4 葉插‧全葉插

Part 5 葉片插

Part 6 根插

特別企畫

標準插穗

全葉插穗

3 ～ 5 週後發根

壽－克雷克大

繁殖適期	春	夏	秋	冬
	🍃		🍃	

Haworthia bayeri / H. correcta

產自南非，蘆薈科軟葉系的多肉植物，具有蓮座狀的株型、翠綠色的肥厚葉片與半透明的「窗」構造，為夏眠型的多肉植物。繁殖方法可用播種、分株及扦插。

> 克雷克大為其屬名直譯而來，栽培品種繁多，為多肉植物愛好者喜愛的品種。

Part 1
扦插大知識

Part 2
扦插後管理

Part 3
莖插

Part 4
葉插・全葉插

Part 5
鱗片插

Part 6
根插

特別企畫

1 選取部位

植株於秋涼後開始由休眠中醒來，配合換盆時可更新老舊根系，以利來年的生長。也可適當移除下位葉，使植株保持優良株型，且利用移除的下位葉為葉片插穗，增加得到小苗的機會。

2 栽培方式

選擇發育充實的葉片，於葉基處先輕輕使力，適度的左右搖晃肥厚葉片，當葉片開始鬆動時，再使力將葉片於基部取下。取的葉片必需帶到葉白色的葉基處，有時會取到已帶根系的葉片，小苗多於白色葉基處形成。

傷口務必乾燥、避免過濕及使用排水良好的介質。如有不慎拉斷的肥大粗根，可用於根插，增加小苗繁殖的機會。

標準
插穗

利用移除的下位葉

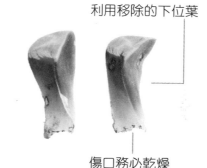

3 後續管理

壽的葉片再生小苗及根系時間較長，需放置 3～5 個月的時間，才可見基部有小苗的形成。待小苗長到約 1 元硬幣大小後，可將其分株栽種在 2 吋盆或穴盤中，進行育苗。

傷口務必乾燥

3～5 月後再生小苗

🍃 透亮的青翠葉肉 ——————————

玉露

Haworthia cooperi

繁殖適期	春	夏	秋	冬

產自南非，蘆薈科軟葉系的小型多肉植物，植株直徑大小視品種而異，一般在 5 ～ 10 公分之間。葉片末端膨大呈透明狀，夏眠型的多肉植物，生長期集中在秋季至隔年春季。繁殖方法以播種、分株及扦插等。玉露除了帝玉露的品種外，其他如姬玉露及玉露均易形成側芽，常見以分株法繁殖為主。

> 葉片肥厚青翠、透明度大，在朝陽下會有閃閃發光的錯覺。休眠期的多肉植物宜節水及適度遮陰，避免盛夏時高溫及強光的傷害。

Part 1
扦插大知識

Part 2
扦插後管理

Part 3
莖插

Part 4
葉插·全葉插

Part 5
輕片插

Part 6
根插

特別企畫

1 選取部位

葉插可於春季或秋季進行，摘取成熟
充實的下位葉為宜。

2 栽培方式

選擇發育充實的葉片，於葉基處先輕
輕使力，適度的左右搖晃肥厚葉片，
當葉片開始鬆動時，再使力將葉片於
基部取下。取的葉片必需帶到葉白色
的葉基處，有時會取到已帶根系的葉
片，小苗多於白色葉基處形成。

待葉片傷口乾燥後，可置於排水良好
的介質上，不需將葉基插入介質內，
以正放或反放均可。置於光線充足
處，不需特別保濕及澆水，以待小苗
的再生。

3 後續管理

🍃 玉露葉片再生小苗及根系時間較
快，放置 2～3 個月後，葉基處
會形成小苗。待小苗具有 4～5
片葉或原葉片已經萎縮，就可定植
於 2 吋盆中。

🍃 如葉片再生小苗較多可分株後，先
於 2 吋盆中育苗，當小苗較大時再
各別定植。

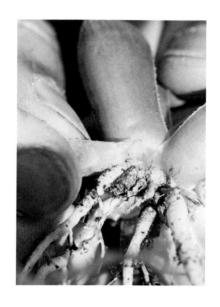

標準
插穗

需帶到葉白色的葉基處

2～3 月再生小芽

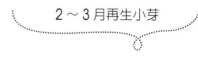

🍂 身披絨毛的小巧多肉植物

姬仙女之舞
Kalanchoe beharensis var.

繁殖適期	春	夏	秋	冬

產自非洲馬達加斯加，景天科的多肉植物。株型小、成株不到 30 公分高，葉片具有黃褐色的絨毛，有如身披毛氈般。繁殖以播種、扦插等，但以扦插為主。

"又名「馬爾它十字」，形容本種十字對生生的葉序，對台灣的耐候性佳，是栽植多肉植物新手不可錯過的品種之一。"

Part 1
扦插大知識

Part 2
扦插後管理

Part 3
莖插

Part 4
葉插・全葉插

Part 5
鱗片插

Part 6
根插

特別企畫

1 選取部位

選取發育成熟的葉片，或帶頂芽莖段均可。

2 栽培方式

1.頂芽插

取 5～8 公分長、帶 3～5 節的頂芽為佳，下節位的 2～3 片葉需摘除，插入排水良好的介質中。於適期進行莖插，約 2～3 週發根。

2.葉插

待葉片傷口乾燥後，放置陽光充足及排水良好的介質。或將葉片摘下後，放置在母本的盆緣處繁殖。所得小苗因生長緩慢，要長到一定的株高，所花費的管理時間較長。

3 後續管理

當小苗長到 4～5 片葉後，可移入穴盤或 2 吋盆進行育苗，以利苗期的茁壯。

標準插穗

全葉插穗

6～9 週後再生小芽

蝴蝶之舞錦

繁殖 適期	春	夏	秋	冬

Kalanchoe fedtschenkoi 'Variegata' ./ *Bryophyllum fedtschenkoi* 'Variegata'

產自非洲馬達加斯加，景天科的多肉植物。生性強健、適應性強，全日照與半日照環境均能生長，屬栽培容易的多肉植物。繁殖方法以扦插為主，莖插、葉插均可適用。

> 具有錦斑的變異種，在肥厚的橢圓形葉上，可見灰綠、粉紅與乳白交織出的葉色變化，用於盆植極為美觀。

Part 1
扦插大知識

Part 2
扦插後管理

Part 3
莖插

Part 4
葉插・全葉插

Part 5
葉片插

Part 6
根插

特別企畫

1 選取部位

選取發育成熟的葉片，或帶頂芽的莖段均可繁殖。

2 栽培方式

1. 莖插

選取帶頂芽 3～5 節、9～15 公分長的插穗，發育充實無徒長的莖段為佳。去除下位 1～2 節上的葉片，待傷口乾燥後扦插，將枝條插滿 3 吋盆中。

2. 葉插

選取發育充實的葉片為插穗，或因莖插所去除的葉片，均可為葉插插穗。待葉片傷口乾燥後，放置陽光充足及排水良好的介質上，或將葉柄及葉的下半部半插入介質。

3 後續管理

蝴蝶之舞錦的葉片會長根，但不似石蓮會於葉基處形生小苗。約 2～5 週的時間，會於葉緣凹處形生不定芽，再生的不定芽將成為新生小苗，也可放任其於 3 吋盆上，接觸到介質表面後會自行發育成小苗。

標準插穗

不定芽　　全葉插　　莖插

2～5 週後生不定芽

● 可愛的心形、三角狀小葉

紫葉酢醬草

Oxalis triangularis

繁殖適期	春	夏	秋	冬
	🍂		🍂	

產自南美洲、巴西等地，酢醬草科的多年生草本植物，適應性佳，全日照、明亮處或半陰環境下都能生長良好，肉質主根有如縮小版的白蘿蔔，用以儲存養分及水分，因此紫葉酢醬草耐旱也十分優良。繁殖方法為分株、扦插。

> **"**
> 粉紅色的小花及紫紅色心形、近三角形的小葉，讓她成為受歡迎的盆栽植物。
> **"**

圖片提供／謝依

1 選取部位

選取健壯的葉片為插穗，及肥大主根具
有長軸型的鱗莖，也可作為插穗。

2 栽培方式

1. 葉插

選取長度適中的葉柄，插入充分濕潤
的純珍珠石或水苔的介質中，置於陰
處並予以保濕。

2. 鱗片插

肉質主根具有長軸形的鱗莖構造，如
為大量繁殖時，可將其鱗莖上的鱗片
剝下，利用鱗片插的方式灑播於介質
上。每一鱗片葉均可再生一株小苗，
也可將其鱗莖分成數段進行分株。

3 後續管理

🍃 發根時間及小苗再生，約需 2 ～ 4
週時間，同時以珍珠石和水苔為葉
插介質，可知水苔為介質時，有較
佳的小苗再生，且再生的小苗株形
也較大。

🍃 所得再生的小苗可移入 2 吋盆中進
行育苗，待根團長滿及植株茁壯
後，可移植至 3 ～ 5 吋盆做為盆
栽植物或直接定植於花槽、花圃中
觀賞。

標準
插穗

葉插穗

鱗莖扦插

鱗莖

2 ～ 4 週後發根

Part 1
扦插大知識

Part 2
扦插後管理

Part 3
莖插

Part 4
葉插・全葉插

Part 5
鱗片插

Part 6
根插

特別企畫

🍂 春、夏季間，及秋季未休眠前為佳

捕蟲堇

Pinguicula sp.

繁殖適期	春	夏	秋	冬
	🍃	🍃	🍃	

●春、夏季間及秋未休眠前為佳

狸藻科的多年生草本植物，有著鮮綠色的蓮座狀葉序，每一片葉就像是活生生的捕蠅紙，沒有捕蠅草如惡口般的夾子，也沒有豬籠草怪異的捕蟲瓶，紫色的花還多了份柔美和優雅。示範品種為 Pinguicula esseriana，產自墨西哥的聖路易斯波多斯洲，分佈在亞熱帶高地。繁殖方法以播種、分株及葉插。

> 夏季與冬季的葉型有點不同，因夏季為生長季葉大而圓；冬後葉會變小且圓整，改變葉型以越冬，有如小朵的綠色石蓮般。

Part 1
扦插大知識

Part 2
扦插後管理

Part 3
莖插

Part 4
葉插・全葉插

Part 5
鱗片插

Part 6
根插

特別企畫

1 選取部位

夏季會生長出大而圓的捕蟲葉，選取強壯的葉片為佳。但下位葉不摘除也會因老化而萎縮，如只為趣味繁殖，可只取下位葉做為插穗。如為大量繁殖，可摘取較多且強壯的葉片，但對於母株會造成一定程度的傷害。

2 栽培方式

以鑷子摘取下位葉後，可將葉片輕置於母株側方的空間處，一同培養。多數的捕蟲菫喜好排水良好偏鹼性的介質，以赤玉土、蘭石、珍珠石及蛇木屑混合後栽植，置於半日照或半陰處為佳。喜好高濕環境，栽培時應注意保持及提高環境濕度。

標準
插穗

全葉插穗

3 後續管理

🍃 於適當環境下葉插經 1 週左右，小苗可由葉基處再生。待 3 ～ 5 週後，小苗茁壯約有 5 ～ 8 片葉時，可自移植至 2 ～ 3 吋盆中栽植。

1 週後再生小苗

🍃 配合高濕的管理，建議可使用陶盆栽植，並於下方放置 3 ～ 5 公分深的大顆粒介質，再放上蘭石、珍珠石、赤玉土及蛇木屑等混合介質栽培小苗。也可置於水盤中培養，但水位深度不可高於盆底基部 3 ～ 5 公分。

非洲堇

Saintpaulia sp.

繁殖 適期	春	夏	秋	冬
	🌱		🌱	

產自東非坦尚尼亞高原，苦苣苔科的多年生草本植物；肥厚多汁的葉片和滿佈植株的絨毛，都是苦苣苔科的典型特徵。繁殖方法分株、扦插為主，常見以葉插繁殖。

> 非洲堇的蓮座狀葉序及葉型、葉色變化多，花型與花色也十分豐富；這些多樣化的品種，全由原生雜交變化而來，更有趣的是非洲堇由繁殖至成株開花，均可在室內或人工光源的環境下完成，是少數能在室內開花良好的小型盆花植物。

Part 1
扦插大知識

Part 2
扦插後管理

Part 3
莖插

Part 4
葉插‧全葉插

Part 5
鱗片插

Part 6
根插

特別企劃

1 選取部位

選取充實健壯的葉片為佳,一般由心葉向外數,第 3 ～ 5 輪葉序上的葉片均適合用於葉插。葉柄應留取 1 ～ 1.5 公分的長度為佳,切取葉柄時宜用鋒利刀片進行切割。

2 栽培方式

1. 葉插

切除葉柄時以斜切、切口朝上的方式為佳,切口接觸面積大,有利於較多的再生小苗形成。待傷口稍乾燥後,斜插入純珍珠石或蛭石的濕潤介質中,也可沾上發根劑或保護劑以利根系再生。置於光線明亮處並予以保濕,以利根系及小苗的再生。

2. 頂芽去除

做法如特殊插穗中介紹的十二之卷（P.138）,適用於具有特殊花色、不易以葉插維持的花色時。心部約帶 2 ～ 3 輪葉序、去除頂部,於淺水盤中待發根後,下半部於葉腋處會產生側芽,待側芽長到一定大小後,利用利刃取下,可繁殖出完全與母本相同的小苗。

3 後續管理

當小苗產生 5 ～ 6 片葉時,可將小苗栽入 2 吋盆中育苗,期間可給予含磷肥高的緩效肥,根團長滿後,配合除葉及隔週施予 2000 ～ 3000 倍薄肥,於適當明亮光照下能開花良好。

標準插穗

全葉插穗

切口宜朝上

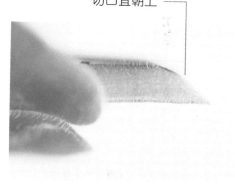

3 ～ 9 週後再生小苗

🍂 如絨毛般的花葉，色彩多變

大岩桐

Sinningia speciosa sp.

繁殖適期	春	夏	秋	冬
	🍃	🍃	🍃	

產自中南美洲，苦苣苔科的多年生草本植物。橢圓形的對生葉，全株具絨毛，葉片、花朵都有絨布般的質地，花色有紫、紅、藍、粉紅、白等顏色，還有重瓣及單瓣等變化。繁殖方法以播種、扦插及分株等方式。

> 花色、形態豐富，栽植容易，溫度低於 15℃時，地上部枯萎以扁球形塊莖越冬。近年有種雜交育成的迷你岩桐，株型小、開花性良好且不佔空間等特點，也極受歡迎。

1 選取部位

全葉插及裂葉插均可，莖插適用於迷你岩桐。

2 栽培方式

1. 葉插

全葉插做法如非洲堇（P.178），也可依1～2公分等距的長度將葉子橫切，每條帶狀的葉塊（均含主脈）置於含有濕潤介質的保濕盒中，置於半陰處，靜待發根及小苗的再生。

2. 莖插

迷你岩桐的葉片扦插，雖可形成塊根，但多數塊根無法再形成小苗，以莖插可確保迷你岩桐的繁殖成功率。剪取塊莖上的嫩莖或去除過多嫩莖，每個塊莖僅留取1～2枝嫩莖為佳。選取帶2～3節、具頂芽的莖段，去除1對下位葉後，插於濕潤的介質中，置於半陰處並予保濕以利發根及塊莖形成。

標準插穗

裂葉插穗　　全葉插穗

3 後續管理

🌿 莖插的生根時間，最快2～3週即可生根並形成塊莖。葉插形成塊莖時間長達5～8週，全葉又較裂葉插快形成塊莖。

🌿 當小苗再生後，可移到2吋盆中進行育苗，並給予含磷鉀肥較高的緩效肥，以利塊莖肥大及生長。

2～3週後發根

Part 1 扦插大知識

Part 2 扦插後管理

Part 3 莖插

Part 4 葉插・全葉插

Part 5 臉片插

Part 6 根插

特別企畫

美鐵芋 / 金錢樹

繁殖適期	春	夏	秋	冬
	🍃	🍃	🍃	🍃

Zamioculcas zamiifolia

產自非洲肯亞，天南星科多年生草本植物。肉質狀的羽狀複葉長達 45 ～ 60 公分、著生 6 ～ 8 對墨綠色小葉。具有如馬鈴薯般的地下根莖，用以貯藏養分及水分，因此極為耐旱、耐陰性絕佳，在低光照環境下仍能生存，成為熱賣的室內植物。繁殖以葉插為主。

> 雖為常綠植物但若乾旱過度、溫度太低會出現落葉的情形。生長適溫在 18 ～ 26℃之間，一年只會明顯出新葉及開花一次，忌過度澆水致貯藏根莖腐爛，尤以冬季生長停頓時，更要注意水分的控制。

1 選取部位

選取成熟的葉片，並將橢圓形小葉剪下。

2 栽培方式

選將小葉插入含乾淨、濕潤介質的 8 吋盆中，介質裝填 6～7 分滿即可，利用盆器本身未裝填介質的空間，營造局部高濕的狀態。置於半陰處，必要時葉插初期前 1～2 週可套上塑膠袋，給予保濕及保溫處理。

3 後續管理

 春、夏間進行葉插，於當年度適逢溫暖的生長期，可於入秋後長出小苗；但秋天葉插只能形成葉基處的貯藏根莖，隔年春暖再生小苗。

 小苗第一年通只有 1 對小葉的羽狀複葉，隔年會倍增一倍，於台灣北部需經 3 年的養成，葉身才能到達 40～50 公分。於春夏間生長期，給予緩效肥以利生長。

標準插穗

全葉插穗

3～5 週後發根

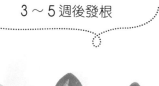

Part 1 扦插大知識

Part 2 扦插後管理

Part 3 壺插

Part 4 葉插・全葉插

Part 5 鱗片插

Part 6 根插

特別企畫

裂葉插
Leaf section cutting

為了增加繁殖的倍率，可充分利用其肥厚葉片及強大的再生能力，如大岩桐、中大型種觀葉秋海棠、劍型葉的黃邊虎尾蘭等，經由適當的切割讓每一塊葉片，在合宜的環境下都能再生出新的生命。

Part 1
扦插大知識

Part 2
扦插後管理

Part 3
莖插

Part 4
葉插・裂葉插

Part 5
鱗片插

Part 6
根插

特別企畫

🌿 低光照環境 OK，室內、陽台的好種盆栽

銀寶石秋海棠

Begonia 'Silver Jewel'

繁殖適期	春	夏	秋	冬
	🌿		🌿	

分佈在熱帶及亞熱帶，秋海棠科多年生植物。秋海棠不只有觀花的品種，有許多極佳的觀葉植物，適合室內、陽台的栽培環境；和常見的苦苣苔科、椒草科、天南星科、五加科等觀葉植物相同，可生長在相對較低的光照環境下。繁殖法以分株及扦插為主。

> 銀寶石為常見的觀葉秋海棠，適應性佳，只要注意維持較高的濕度，夏季注意避免直曬陽光均能生長良好。適合作為室內、陽台植栽。

1 選取部位

選取發育充實的葉片進行葉插。

2 栽培方式

1. 全葉插

切除葉柄時以斜切、切口朝上的方式為佳，切口接觸面積大，有利於較多的再生小苗形成。待傷口稍乾燥後，斜插入純珍珠石或蛭石的濕潤介質中，也可沾上發根劑或保護劑以利根系再生。置於光線明亮處並予以保濕，以利根系及小苗的再生。但因銀寶石為中大型的海棠，全葉插較佔繁殖空間，適用於小型的觀葉海棠，如虎斑秋海棠等。

2. 裂葉插

大量繁殖時，可依其葉脈方向進行切割或切成約 2 ～ 5 平方公分的大小。將切割好的塊狀海棠葉，平放於裝有濕潤珍珠石等介質的保濕盒中，置於半陰處，靜待葉塊發根及小苗的再生。

3 後續管理

裂葉插再生小苗的速度較全葉插更耗時，因一小塊的葉片其光合作用能力及本身所含的養分有限，但裂葉插卻可到較多的小苗。一般視季節及品種不同，裂葉插約需 4 ～ 8 週時間才能再生小苗，當小苗長到 3 ～ 5 片葉時，可移入 2 吋盆中進行育苗。

標準插穗

全葉插穗

裂葉插穗

依葉脈方向，切成 2 ～ 5 平方公分

平放

4 ～ 8 週發根

Part 1
扦插大知識

Part 2
扦插後管理

Part 3
莖插

Part 4
葉插 · 裂葉插

Part 5
鱗片插

Part 6
根插

特別企畫

🌿 銀色網狀斑紋，室內觀葉植物

雙心皮草

Chirita sinensis 'Hisako.

繁殖適期	春	夏	秋	冬
	🌿	🌿	🌿	🌿

苦苣苔科雙心皮草屬的多年生草本植物，少數一年生草本。種莢是由兩片心皮形成；肉質狀的葉片、蓮座狀的葉序、紫色的花序和葉片上的銀色網狀斑紋讓她很有看頭，栽培適應性良好又因需光性不高、十分耐陰，性喜溫暖環境。

1 選取部位

以葉插為主，全葉及裂葉插穗均可。

標準插穗

2 栽培方式

1. 全葉插

切除葉柄時以斜切、切口朝上，切口接觸面積大，有利於較多的再生小苗形成。待傷口稍乾燥後，斜插入純珍珠石或蛭石的濕潤介質中，也可沾上發根劑或保護劑以利根系再生。置於光線明亮處並予以保濕。

2. 裂葉插

選取發育成熟的葉片，在葉片中央用鋒利刀片分割一半。上半部葉片，因切口處只有葉身不帶葉柄，可於切口處兩側切除一小塊，以利輕輕插入介質。下半部葉片具葉柄，葉柄長度以 1.5 ～ 2 公分長度為宜，以切口朝上方式扦插，以利小苗再生。

全葉插穗　　　裂葉插穗

5 ～ 8 週後發根

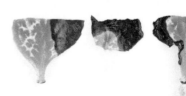

3 後續管理

待小苗約生長到 4 ～ 5 片葉時，可移入 2 吋盆或穴盤中進行育苗。

耐旱、耐陰，受歡迎的室內空氣淨化植物

黃邊虎尾蘭／金邊虎尾蘭

Sansevieria trifasciata 'Laurentii'

繁殖適期	春	夏	秋	冬

產於非洲，龍舌蘭科的多年生草本植株，劍型的肉質葉帶金色的葉緣，具蠟質的光亮葉叢。生性強健，耐旱耐陰性極佳，無論是全日、半日照及陰暗處皆能生長。繁殖可用分株、扦插，常見以分株為主，因葉插再生的小苗會失去斑葉的特性，分株可維持美麗的斑葉。

> 虎尾蘭是優良的室內空氣淨化植物，加上好栽易管理等特點，是新手不可錯過的植物之一。具有光澤與金色葉緣的肉質葉，搭配現代感十足的盆器，頗有摩登味。

Part 1
扦插大知識

Part 2
扦插後管理

Part 3
草插

Part 4
葉插・裂葉插

Part 5
鱗片插

Part 6
根插

特別企畫

1 選取部位

中大型種的虎尾蘭具肉質劍型葉，進行全葉插會佔空間，且繁殖倍率較低，因此可採行裂葉插的方式進行，小型種虎尾蘭就可使用全葉插。

2 栽培方式

選取厚實的葉片，並以 5 ～ 8 公分的等距距離，將葉片橫切成數塊。每塊基部可於兩側切口處內切少許葉塊，一來可作為標示葉片上下，避免倒置插穗；二來適當的切口，也便於葉塊插入介質中。將葉塊斜插入乾淨無汙染的濕潤介質中後保濕，置於半陰處以利小苗的再生。

標準插穗

裂葉插穗

5 ～ 8 公分

3 後續管理

發根約需 3 ～ 5 週時間可再生出小苗，當小苗長到 10 公分大小時，便可移入 3 吋盆中進行育苗。

3 ～ 5 週後發根

避免倒置插穗

葉插水培
Leaf cuttings in pure water

葉插水培法，是介於葉插與組織培養的一種無性繁殖方法，適用於毛氈苔這類的食蟲植物，小苗的產量較葉插法多，不需要組織培養所需的設備及環境。缺點是受到品種的限制，部分品種需以花梗及莖段行水培繁殖，應挑選葉片不怕泡水的品種為先。適用品種以常見的叉葉毛氈苔、線葉毛氈苔等。

Part 1
扦插大知識

Part 2
扦插後管理

Part 3
莖插

Part 4
葉插・葉插水培

Part 5
繁片插

Part 6
根插

特別企畫

🍃 食蟲植物不可錯過的入門品種

叉葉毛氈苔

Drosera binata

繁殖適期	春	夏	秋	冬

產自澳洲至紐西蘭，茅膏菜科的多年生草本物。葉如其名有如叉子般造型，英文名稱之為 Fork-leaved sundew，叉狀葉片上滿佈消化腺體，但葉柄處卻無消化腺體，葉柄可長達 30 公分，如光線不足易徒長，植株因具長葉柄呈現倒伏的狀態。繁殖法以分株、扦插均可。

> 喜好全日照及高濕的環境，利用腰水方式培養，可提供高濕的環境，是屬亞熱帶型的毛氈苔。

191

挑選健康、強壯的葉片為佳，過老或過嫩的葉片均不適宜。可視毛氈苔葉片形成的腺體狀況判定，如為健壯的葉片其腺體產生量應最多。

2 栽培方式

將選好的葉片以 1 ～ 1.5 公分長度，剪成小段後置入玻璃瓶中並將瓶蓋旋緊，於瓶身上加註水培開始日期，以便觀察及記錄。

使用容器以玻璃容器為佳，回收的飲料瓶使用前應清洗乾淨，以熱水煮沸滅菌後備用，使用以純水或煮沸後放涼後的水即可，水量以 1/2 ～ 1/3 瓶左右，不需添加任何營養劑或生長劑。培養溫度以 25 ～ 30℃ 及光線明亮處為佳，若於冬季實施葉插水培法時，需注意保暖或以燈光電照增加溫度。

剪小段（1 ～ 1.5 公分）置入玻璃瓶，並將瓶蓋旋緊

約 2 週長出小苗

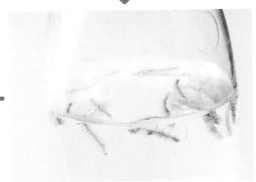

Part 1
扦插大知識

Part 2
扦插後管理

Part 3
莖插

Part 4
葉插・葉插水培

Part 5
鱗片插

Part 6
根插

特別企畫

3 後續管理

Step 1

葉片置於水瓶內約 2 週後,葉片末端即開始產生小苗;約 3 ～ 4 週後,小苗長到近 0.5 ～ 1 公分左右時,可將水培產生的小苗取出進行馴化。

Step 2

馴化以裝有水苔的保濕盒,或含水苔的 3 吋盆皆可。將小苗放置於保濕容器中,蓋上打孔的蓋子或封上保鮮膜,置於明亮處進行馴化。

Step 3

當小苗開始生長出正常的圓形幼葉時,視季節可移除蓋子或只蓋一半的方式,並將其移到全日或半日照環境下進行馴化。約需半年後,小苗就會開始長出叉形葉,可以略施 3000 ～ 5000 倍的薄肥,使苗株更形茁壯。

Step 4

可分株或繼續維持現狀栽培,以腰水及全日照下培養。

Part
5

鱗片插

常見的百合科及石蒜科球根植物。很難想像球莖上的鱗片，其實是葉片的變態所形成，球莖的形成多半是以短縮的莖，和肥大的鱗片葉所組成。鱗片葉具備了貯存水分和養分的功能，讓球根植物能更加適應不良的生長環境，或利用球根越過不良的生長季節。利用球莖上的鱗片葉進行繁殖，能於短時間內產生大量小苗。

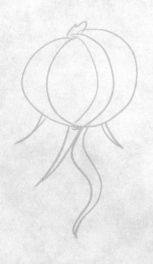

無皮鱗莖
Scaling

由短縮莖和覆瓦狀鱗片所構成，鱗片為變形的葉，不
具有褐色鱗皮保護，球莖必須保存在濕潤的環境中，
代表的鱗莖植物如百合、長筒花。只要摘取少許鱗
片，給予適當環境，這少許鱗片便能長出新的小球莖
來，觀察那小鱗莖由鱗片基部再生的情形，便能體會
鱗莖無窮的生命力。

Part 1
扦插大知識

Part 2
扦插後管理

Part 3
莖插

Part 4
葉插

Part 5
鱗片插・無皮鱗莖

Part 6
根插

特別企畫

🍂 花色豔麗多變化，適合吊盆裝飾

長筒花、垂筒苦苣苔

Achimenes sp. 、*Smithiantha* sp.

繁殖適期	春	夏	秋	冬
	🍃	🍃		

長筒花及垂筒苦苣苔均為苦苣苔科多年生草本植物，鱗莖由鱗片與長軸的莖組成，因此外觀和鱗片長在短縮莖上的百合大不同，有如縮小版的玉米穗一般，可見外覆鱗片葉。花色繁多，有白、紫、粉紅、黃等色，另有重瓣品種，花期集中在夏、秋兩季。繁殖以鱗莖、扦插、播種均可。

長筒花

垂筒苦苣苔

> 長筒花產自南美洲，豔麗的花色在夏季極為顯目，為花市可見的吊盆植栽。垂筒苦苣苔產自中美洲、墨西哥等地，密佈著絨毛的心型葉，有如絨布般的質地，不開花也具有觀葉價值。

圖片提供／劉英華

1 選取部位

利用鱗莖栽植為多，冬季植株休眠後收取其地下鱗莖，於隔年春末鱗莖開始發芽時，再栽入排水良好介質，等待新一季的花海。也可以利用枝條及鱗片進行扦插繁殖。

2 栽培方式

1. 頂芽及嫩枝插

生長期間修剪所剪下的枝條，均可用於扦插，以帶3節、長度5～10公分，局部去葉片的方式扦插，長根後可移到日光充處培，有利於鱗莖的肥大。扦插第一年枝條即能開花，花後進入休眠時形成地下鱗莖，再以鱗莖做為隔年春季的繁殖個體。

長筒花花入冬後地上休眠。可採收地下鱗莖。

長筒花鱗莖，莖節上有鱗片葉包覆。

2. 鱗片插

為大量繁殖時採用，於春夏間氣候回暖時，將鱗莖上的細小鱗片一一取下，採類似播種的方式，播入含三合一或排水良好的介質上，濕潤介質後保濕，會分別長出小苗，每一個小苗都會再形成地下鱗莖。但第一年的地下鱗莖較小，如未配合適當的肥料供給，當年度不開花，需隔年才能開花。

3. 鱗莖分段

類似分株法，將長的鱗莖折成數段，種入排水良好的介質中，覆土深度以鱗莖的一倍深或栽入約 3 公分深度為宜。再以花寶二號 20-20-20 當追肥，於未開花前每週施用一次。

3 後續管理

🌿 扦插長出的小苗初期需要明亮光，給予適當的緩效肥，以利初期的生長。

🌿 當植株較大時，可移到全日照或給予直射的陽光，但應避免烈日。充足的陽光有助開花及地下鱗莖的生長及肥大。

鱗片插

可於春季進行鱗片插，剝取鱗片。

以撒播方式平均 佈於介質表面，再覆上薄土以利用小苗再生。

鱗莖分段

Part 1
扦插大知識

Part 2
扦插後管理

Part 3
莖插

Part 4
葉插

Part 5
鱗片插・無皮鱗莖

Part 6
根插

特別企畫

鐵砲百合

Lilium longiflorum

繁殖適期	春	夏	秋	冬
	🍃	🍃		

百合科多年生的球根植物，花形花色均與台灣原生的高砂百合極為相似，但花朵純白不帶有紅色條紋、葉寬較寬。花期集中在春、夏季間，入秋後地上部開始枯萎進入休眠。繁殖方法以播種、分株及鱗片扦插等，一般採用分株繁殖為佳。

> 白色喇叭狀的花朵，帶著令人愉悅的香氣，常見栽於花壇或用做切花、盆花欣賞，為受人歡迎的百合品種之一。

圖片提供／SAR

1 選取部位

一盆成株的鐵砲百合內，可產生數個小球，利用分球的方式達到繁殖目的，且越大的子球養球的時間較短，到達開花的時間越早，一般球莖直徑約達 5 公分以上才具備開花的能力。

但如為得到大量種苗時，入秋後當地上部枯萎時，可取出鱗莖扦插。百合的鱗片為一種葉片的變態型式，用以貯存養分，因此採用鱗片插也有如葉插般方式進行。

分株

剝取鱗片

2 栽培方式

Step 1

取自健康無病的百合種球，洗淨球根後，於每個球莖上取下 3 ～ 5 片鱗片即可，球莖徑越大所摘的鱗片越多。如摘取過量的鱗片，會導致百合球莖養分不足，易導致來年不再開花，如為取得大量種苗則例外。

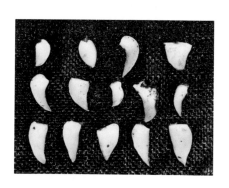

Step 2

取下的鱗片先靜置，待傷口收口再行扦插，如為避免病菌污染，可於此時進行清毒或殺菌劑處理，常見以免賴得 1000 ～ 1500 倍水溶液。

Part 1 扦插大知識

Part 2 扦插後管理

Part 3 莖插

Part 4 葉插

Part 5 鱗片插・無皮鱗莖

Part 6 根插・特別企畫

Step 3

將處理好的鱗片，整齊排列在透明塑膠盒中，以便觀察小球莖再生的情形。也可將鱗片置於有濕水苔的封口袋，置於5℃的黑暗環境，進行變溫處理以利小球產生。變溫過程要先在常溫下置於暗處3～5週後，移入冰箱冷藏3～5週，最後再移回常溫3～5週，促進小球莖的產生。

3 後續管理

- 發根及球莖再生的時間不等，再生球莖的時間較長，約需12～15週時間才能得到再生的小球莖，平均鱗片可產生1～3個球莖。

- 隔年春天取得小球莖後，於春季可進行養球，將所得小球莖以球莖1～1.5倍的深度，栽植於富含有機質及排水良好的的介質中。視百合的品種不同，必需經過1～3年的栽培後，小球莖才具備開花的能力。

不同階段球莖

12～15週以後再生小球莖

有皮鱗莖

Chipping, Cross cutting, Double scaling

短縮莖上肥大的鱗片葉構成，與無皮鱗莖不同之處，在於鱗莖外部包覆一層層褐色紙質膜狀物(由老化鱗片形成)，可防止鱗莖水分散失。有皮鱗莖較無皮鱗莖耐旱，不需濕藏可在常溫下貯藏，代表植物如孤挺花、蔥蘭、洋蔥等。只要將鱗莖切取數塊，每一塊鱗莖都有許多節和肥大的片葉，短縮的莖節上具備著再生成新球的芽點。有了肥大的鱗片葉的支持，每一個小芽點都將成為新生命之始。

🍂 花型大方豔麗

孤挺花

Hippeastrum sp.

繁殖 適期	春	夏	秋	冬
	🍂	🍂	🍂	🍂

產自南美洲，石蒜科的多年生球根花卉，由鱗片生長在短縮莖形成球莖，但外覆咖啡色皮膜，具有防止水分散失的功能，為有皮鱗莖的一種。

繁殖方法有播種、分株及種球切割法，常見以分株為主，可於秋季進行。

"
- 花期集中春、夏季間，線形的翠綠色葉叢上，開出帶有 3～6 朵的大紅色花。

- 栽植十分容易，好排水及有機質含量高的介質，栽植時首重球根的栽植深度，深度以球莖的頸部為宜，以露頭（球莖頸部以上）避免栽種過深，否則易發生爛球的現象。
"

圖片提供／鄭錦屏

1 選取部位

首重選擇健康的球莖為佳，避免繁殖具毒素病的球莖，會造成毒素病的大量發生。如所栽的孤挺花易生子球，也可以分株方式繁殖；大量繁殖時才取用球根切割方式，一旦種球用於分割繁殖則無法開花，至少需等待長達 18 個月以上的育成期，才能再開花。

2 栽培方式

1. 雙鱗片插 double scaling

Step 1

將球莖先以清水洗淨後，局部噴佈 70% 酒精於球莖外部，先行消毒。

Step 2

將球莖去頭去尾，予以整理外觀後，以便後續的分割作業。

Step 3

將球莖分成 8～16 等份的方式進行切割。第一次操作建議以 8 等份的方式切割較為容易，等經驗較多時再試試 16 等份的切割方式。也可直接將切好的 8～16 等份的瓣狀鱗莖進行扦插，這種方法稱為瓣狀鱗片扦插 chipping。

Part 1 扦插大知識

Part 2 扦插後管理

Part 3 莖插

Part 4 葉插

Part 5 鱗片插・有皮鱗莖

Part 6 根插

特別企畫

以 8 等份切割下來的塊狀鱗莖，需將較為幼嫩的心部剔除，留取較為充實的部分。

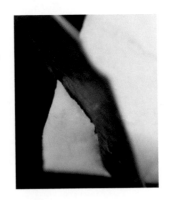

於球莖剖面上可明顯看到短縮的莖及鱗片著生位置，分別以 2 ～ 3 片的鱗片為一單位，再切下帶有 2 ～ 3 鱗片的塊狀球莖。所有切好的塊狀球莖，再以酒精噴佈清毒一次。

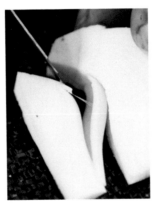

將消毒好、帶 2 ～ 3 片鱗片的塊狀球莖，放入含有部分濕珍珠石的封口袋中保濕，置於陰涼處以利小球莖的再生。

> 如為求多量、高品質、與母株性狀相同的球莖時，可採用種球切割的方式進行大量增殖，適期全年。

2. 基部切割法 cross-cutting

Step 1

將同樣清洗清毒、去頭去尾的球莖，按照根部著生處的圓形基部，進行 8 ～ 16 等份的深度切割，但不能切斷鱗莖。

Step 2

切割後可再噴酒精一次，靜置待傷口乾燥後，栽入乾淨的介質中，以便切口處的小鱗莖再生。

3 後續管理

🌱 鱗片插再生小球莖的時間，約需 8 ～ 10 週時間。收取小球莖後先行育苗，將小球莖以密植的方式栽在合適的盆缽中，給予排水良好、有機質高的介質，進行球莖培育。

🌱 當小球莖葉片及生長空間較密時，可將小球莖移植並定植於長槽花盆或大型花缽，給予充足的光照；環境適宜的條件下，從小球莖形成後約 18 個月的栽植，球徑就可達 30 公分、能開花的標準。

> 培育新品種時才利用播種方式，於夏季果莢成熟開裂時播種為佳。孤挺花種子不耐貯藏，鮮播的發芽率最高。

Part 1 扦插大知識

Part 2 扦插後管理

Part 3 莖插

Part 4 葉插

Part 5 鱗片插・有皮鱗莖

Part 6 根插

特別企畫

Part

根插

有些植物的根部，具有生長出不定芽的能力，於是根也具備無性繁殖的潛力。肥大的根、肆無忌憚的根系、蔓延千里遠的根，都成了植物散佈族群的方法之一。

🍃 如煙火綻放的花朵 ————————————

煙火樹

Clerodendrum quadriloculare

繁殖 適期	春	夏	秋	冬
🍃				

產自菲律賓，馬鞭草科的常綠灌木或小喬木，英文名 Starburst、Fireworks，都用以形容她盛花時的美麗。性喜溫暖的煙火樹，喜好排水佳及肥沃的土壤，頂生的圓錐狀花序，紫紅色五裂瓣的筒狀花，看似星光也像煙火，一團團開在紫紅色的葉叢間，滿樹的銀花讓人印象深刻。繁殖用分株或扦插法。

> ❝ 栽培土質砂質土壤為佳，排水需良，全日照、半日照均理想。開花後修剪整枝，植株老化需強剪。性喜高溫，生育適溫 20 ～ 30℃。❞

圖片提供／SAR

1 選取部位

選取發育充實的枝條或強壯的根部。

2 栽培方式

1. 莖插

做法如觀葉植物，選取發育充實的枝條，剪嫩硬枝 3～5 節、長度 9～15 分的莖段為插穗，均可扦插成活。

2. 根插

自母株取強壯的根部一段，剪取長度 5～10 公分的插穗，如有特殊造型的根部造型可外露，以便盆趣的營造。因具有根部構造，只需上部的芽體再生，就算完成扦插再生的過程。

3 後續管理

約需 2～5 週的時間可再生出小苗，將小苗移入 2～3 吋盆中進行初期的育苗。

2～5 週可再生出小苗

9～15 公分的莖段插穗

5～10 公分的根部插穗

Part 1 扦插大知識

Part 2 扦插後管理

Part 3 莖插

Part 4 葉插

Part 5 鱗片插

Part 6 根插

特別企畫

🍃 紅與白對比鮮明的花朵

龍吐珠／珍珠寶蓮

Clerodendrum thomsonae

繁殖適期	春	夏	秋	冬
🍃			🍃	

產自西非，馬鞭草科的半落葉性藤本或灌木。對日照的需求量大，但常因日照緣故導致花期集中在夏、秋季之間，植株耐寒性不佳、性喜暖的季節，栽植於全日照及半日照環境為佳，如日照不足則開花不良且枝條徒長。繁殖方法有分株及扦插。

> ● 常見栽於綠籬花廊、花架及花台上，綠化效果良好，白色的花萼及紅色的花瓣色彩鮮明，開花時極為壯觀。
>
> ● 建議秋涼後可強剪，以利來年新枝的萌發，也有益於枝條的控制，免於蔓性枝條產生的凌亂感。

1 選取部位

龍吐珠易因根部產生不定芽，可從母株附近找尋萌發的小苗，直接挖取並斷根修剪葉片後，移入 3 ～ 5 吋盆中育苗。

2 栽培方式

1. 莖插

做法如觀葉植物，選取發育充實的枝條，剪嫩硬枝 3 ～ 5 節、長度 9 ～ 15 公分的莖段為插穗，均可扦插成活。

2. 根插

自母株取強壯的根部一段，並剪取長度 5 ～ 10 公分左右，如有特殊造型的根部造型可外露，以便盆趣的營造。修剪根插穗時，應於下方修剪斜口，以便標示上方或下方，以便根插時倒置；如已分不清根插方向，可將根插穗平放於介質上並覆土的方式進行扦插。

3 後續管理

約需 2 ～ 5 週的時間可再生出小苗，將小苗移入 2 ～ 3 吋盆中進行初期的育苗。如有奇趣的根造型，也可移入雅緻的盆器裡培養，形塑蒼勁的姿態。

標準插穗

修剪斜口

5～10公分

1 ～ 2 週後發芽

根插時避免倒置

Part 1 扦插大知識

Part 2 扦插後管理

Part 3 莖插

Part 4 葉插

Part 5 鱗片插

Part 6 根插

特別企畫

🍃 最耐蔭的毛氈苔

阿帝露毛氈苔 / 蕾絲葉毛氈苔

繁殖 適期	春	夏	秋	冬
	🍃	🍂	🍃	🍂

Drosera adelae

產自澳洲，茅膏菜科的多生草本植物，為原生地環境為澳洲河邊上，與苔蘚植物共生，為毛顫苔中最耐蔭的一種，如未經馴化和適應階段，陽光直曬美麗的葉片會發生灼傷，和多數的毛顫苔好強光的個性有點不同，光線如充足，葉身短葉色泛紅。繁殖法以播種、分株、扦插等方式。

> ❝ 台灣栽植阿帝露不會休眠，以水苔為介質及腰水的方式，刻意維持高濕的環境，便可成功栽植。❞

1 選取部位

除了根部插穗，也可取成熟葉片為插穗，上午檢視粘狀腺體分泌越多的葉片為佳。

2 栽培方式

1. 葉插

將葉片依等距 1.5 ～ 2 公分剪斷數塊，平置於濕潤的水苔上，置於半陰處保濕，經 3 ～ 5 週時間葉片可再生小苗。

2. 根插

剪取成熟、強壯的根，依等距 1.5 ～ 2 公分剪斷後，置於濕潤水苔上。保濕及放置方式同葉插。

3. 分株

根部極易發生不定芽，可利用分株方式剪取成熟、茁壯小苗，栽於 2 吋盆中進行育苗。

3 後續管理

葉插或根插的再生小苗約需 3 ～ 5 週時間，待小苗茁壯後大約長到 4 ～ 5 片葉後，就可移入 2 吋盆中育苗。

標準插穗

根部插穗

1.5 ～ 2 公分

葉插插穗

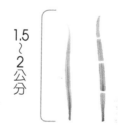

1.5 ～ 2 公分

3 ～ 5 週後發根及再生小苗

長 4 ～ 5 片葉，可移入 2 吋盆育苗

Part 1 扦插大知識
Part 2 扦插後管理
Part 3 莖插
Part 4 葉插
Part 5 鱗片插
Part 6 根插
特別企畫

🌿 葉片細緻如柳葉

柳麒麟／柳葉麒麟

| 繁殖 | 春 | 夏 | 秋 | 冬 |
| 適期 | 🍃 | 🍃 | 🍃 | 🍃 |

Euphorbia hedyotoides

產自非洲馬加斯加，大戟科的莖幹型多肉植物，細緻的葉片有如柳葉一般而得名。細看花朵為典型的大戟科花序，全株具有白色乳汁為有毒植物，修剪或繁殖時應避免觸碰乳汁，如不慎碰觸應以大量清水沖洗。繁殖方法以播種及扦插為主。

❝
栽培容易，好排水介質，全日照及半日照環境下均能生長良好。
❞

1 選取部位

柳麒麟播種的實生苗，因具有肥大的直根系，有如橢圓形的大蘿蔔般，栽植後具較高的盆趣價值，根插的方式可形塑類似實生苗的肥大根系。而莖插的小苗因不具有直根，所產生的根部多為鬚根，雖每個鬚根都會肥大，但觀賞性不如實生苗。

2 栽培方式

1. 莖插

選取發育充實的枝條，剪取嫩枝及硬枝，以 9 ～ 15 公分的莖段為插穗，待傷口乾燥後，插入排水良好的介質中靜待發根。

2. 根插

將 3 ～ 5 年生的莖插苗，由盆器中拉起，可見到如地瓜般的貯藏根。選取肥大的根部數段，將上部切口修剪整齊。待傷口乾燥後，將插穗栽入 5 吋盆中，根插入土中 1/2 ～ 2/3 處為宜。澆水後置於光線明亮處，依一般多肉植物管理原則照顧；介質乾後再澆水，並靜待地上部芽體的再生。

3 後續管理

柳麒麟生長緩慢，當地上部芽體再生後，可用做小品盆栽欣賞。

標準插穗

莖插

9 ～ 15 公分

根插

半年後再生小芽

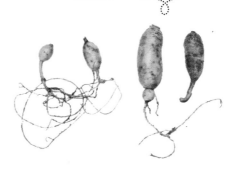

Part 1 扦插大知識

Part 2 扦插後管理

Part 3 莖插

Part 4 葉插

Part 5 鱗片插

Part 6 根插

特別企劃

瓶爾小草 / 一葉草

Ophioglossum petiolatum

繁殖 適期	春	夏	秋	冬

蕨類植物，瓶爾小草科的多年生草本。瓶爾小草常見生長於潮濕的草坪，每逢春來總有人在草坪間尋寶，拔取一葉一葉的藥草，正是瓶爾小草或俗稱的一葉草。植株約高 12 ～ 20 公分左右，植株以一片肉質葉的形態，由肉質根上竄出地面。繁殖分株及根插均可。

> 瓶爾小草常成群分佈在草坪上，只要根能生長到的地方就可能長出新生命。

1 選取部位

選擇強壯的肉質根數段，長度 3 ～ 5 公分均可。

2 栽培方式

1. 根插

剪取插穗後，平鋪於含介質的 3 吋盆，再覆上一層約 0.5 ～ 1 公分厚的介質。濕潤介質後，放置光線明亮處並維持介質濕潤即可。

2. 分株

直接將盆植的瓶爾小草進行分株，以每份等份成 3 ～ 4 份，再移入適當的盆器中即可。

3 後續管理

根穗萌芽約需 2 ～ 3 週時間，萌芽後瓶爾小草已成活，應注意介質的濕潤。建議可移入大盆中栽植，混入部分土壤，可增加介質保水性，有利於瓶爾小草生長與管理。

標準插穗

根部插穗

3～5公分

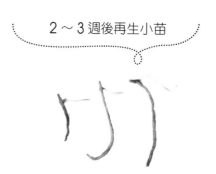

2 ～ 3 週後再生小苗

Part 1
扦插大知識

Part 2
扦插後管理

Part 3
莖插

Part 4
葉插

Part 5
鱗片插

Part 6
根插

特別企畫

六月雪／滿天星

Serissa japonica

繁殖適期	春	夏	秋	冬

產自亞洲中國、越南等地，茜草科常綠灌木，盛花時滿樹的小小白花，有如灑佈滿天的星子般壯觀；花期集中在夏季 5～6 月間，盛花時有如覆蓋上片片雪花。橢圓形的對生小葉，一簇簇生長的姿態加上分枝性良好，形成緻密的葉叢。繁殖以扦插為主。

> ●耐修剪、繁殖容易，常用做綠籬。因莖幹具老態，修剪得當可有蒼勁之勢，極適合做為小品盆景樹種。
>
> ●如用做綠籬，待 2～3 盆小苗根團長妥後，可直接移入花圃處用做綠籬材料。

1 選取部位

除了可選擇莖段為插穗，六月雪粗壯、造型獨特的根，進行根插成活後，再經適當的配盆及修剪，便能雕琢出一盆專屬的小品盆景。

2 栽培方式

1. 莖插

同觀葉植物做法，選取發育充實的枝條，剪取嫩枝及硬枝，以 9 ～ 15 公分的莖段為插穗。

2. 根插

根部較為細長者，可利用編辮子般的編法，結束後於上部，利用棉線等稍加固定塑形，營造特殊姿態。最後，將插穗插入濕潤介質中，置於半陰處，適度保濕以利小苗再生。

3 後續管理

根插約需 2 ～ 5 週的時間，可再生出根及萌芽。將小苗移入 2 ～ 3 吋盆進行初期育苗，並配合修剪及給予緩效肥，以利枝葉萌發，有利於株型及姿態的形態。

標準
插穗

嫩枝插

9
～
15
公分

細長的根可集結編織

根插

Part 1 扦插大知識

Part 2 扦插後管理

Part 3 莖插

Part 4 葉插

Part 5 鱗片插

Part 6 根插

特別企劃

水插法 *Water rooting*

當您取得一段植物的枝條後，若是苦於沒有時間進行傳統的扦插流程；又或空間狹小不便於增設育苗及保濕的扦插區域時，利用小小的窗檯進行水插法是一項不錯的選擇。水插可以避免枝條水分散失而枯萎，除了有利誘發根之外，鮮綠的枝條與瓶瓶罐罐的舖陳，也能美化居家角落。

水插法的做法

　　取得健康的插穗後，利用水插的方式提供枝條充足的水分，待插穗發根後再上盆定植的方式，稱之為「水插法」。因剪離母株後的枝條，缺乏健全的根系可吸收水分，以水插的方式，即可在發根之前提供充足的水分，因無缺水的危機，還能提高枝條生長的機會。

水插法的做法

① 水插法剪取的插穗長度要較長一些，以 9 ～ 15 公分為宜

　　下半部插入水中的枝條，應充分除葉，避免葉片浸泡在水中。因葉片經浸泡後易發生醱酵而腐敗，導致水插誘根失敗。

② 在適當的季節進行

　　一般以冬春季及春夏季之間為為佳；但哪個季節合宜進行水插法因不同植物種類而異。

③ 適時換水或補水

　　枝條水插誘根的期間，需每週換水或補水一次，直至根系萌發後即可。待水插的根系強健後，再上盆定植育苗。

④ 營養物的添加可以縮短水插誘根的期間

　　例如市售的植物營養劑，如：「速大多」以稀釋 500 ～ 1000 倍的稀釋液進行水插。國外進行扦插或水插法時，常見使用蘋果醋蜂蜜或肉桂粉，替代誘根的生長調節劑。常見於水插液中添加含有水揚酸的阿斯匹靈錠劑或加入自製的柳枝水（以垂柳嫩枝剪段後，浸泡於熱水中，放涼後使用）。

⑤ 從水插移介質注意濕度的維持。

　　水插誘根後的枝條，因根系在水域中誘發，水中的根系仍需經由適應的過程，才能生長於土壤或無土介質之中。上盆定植於育苗的期間，仍需注意濕度的維持，並配合摘心作業以利初期苗木的養成。

不用的水杯，也能進行枝條誘根。

各類的枝條，進行水插前都需要去除下位葉。

玫瑰鳳仙花水插後 7 天發根的狀況。

Part 1 扦插大知識

Part 2 扦插後管理

Part 3 枝插

Part 4 葉插

Part 5 鱗片插

Part 6 根插

特別企畫

蒜香藤

Bignonia chamberlaynii

繁殖 適期	春	夏	秋	冬

●春末夏初為適期

又名「張氏紫薇」或「紫鈴藤」等名。紫薇科的多年生常綠藤蔓植物，原產自印度、哥倫比亞、阿根廷等地。因葉、花具濃郁大蒜味得名蒜香藤。莖木質化，株高可達 10 公尺以上，莖皮光滑無毛，灰白色或灰綠色；幼莖綠色，老莖褐色。聚繖狀花序、腋生。繁殖以播種、壓條及扦插法均可。

> 栽培時需設立棚架或經牽引，以利攀緣生長。一般而言，老株開花比新株開花多而密集，且花及葉都帶有蒜香味。

Part 1
扦插大知識

Part 2
扦插後管理

Part 3
莖插

Part 4
葉插

Part 5
鱗片插

Part 6
根插

特別企畫

1 選取部位

為藤蔓植物，枝條莖節較長，除選取強健節間充實的枝條外，枝條長度至少需帶 2 節的枝條。

2 栽培方式

能剪取帶有頂芽的嫩枝為首選；次之則以一年生的枝條亦可。枝條僅保留第一節為上的複葉少許，下半部枝條葉片均需摘除。

3 後續管理

水插約 6 ～ 8 週發根。發根後直接上盆定植，以利初期育苗及根團的建立。待 3 ～ 3.5 吋盆根系長滿後，即可定植於苗圃或棚架處。

標準插穗

適度剪除上部的葉片

節間越充實越佳

至少帶有 2 節

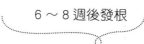

6 ～ 8 週後發根

定植於 3 吋盆中，以利初期的育苗作業。

水插後近 40 天，部分枝條已經發根。

花粉枝繁，適合作矮籬

細葉雪茄花

Cuphea hyssopifolia

繁殖適期	春	夏	秋	冬

英名 False heather，Mexican heather， Hawaiian heather。長橢圓形的褐色蒴果狀似雪茄，得名「細葉雪茄花」。千屈菜科多年生常綠小灌木，產自墨西哥、瓜地馬拉等地，又名「紅丁香」、「細葉萼距花」等名。播種及扦插法為主。

> 花期長達全年，花色粉紅或紫紅。植株低矮，株高可達 60 公分左右。嫩枝有紅色的細絨毛，枝葉繁茂耐修剪。觀賞性佳，常做為邊境栽植或矮籬使用。

1 選取部位

可配合修剪作業，剪取強健嫩枝為插穗，以利扦插繁殖。植株外側、向陽充實的枝條或頂生的一年生枝條，扦插較易成活。

2 栽培方式

帶頂芽、長度約5～9公分長的插穗。水插時枝條可剪取長度9～15公分左右，枝條下半部插於水中枝條處的葉片均需摘除。

3 後續管理

水插約2～4週後即發根。發根後直接上盆定植，育苗期間應給予2～3回的摘心，以利緻密樹冠的形成。

標準插穗

帶頂芽

9～15公分

剪取的嫩枝進行水插。

2～4週後發根

定植後3週，育苗完成，小苗已經略具雛形。

Part 1 扦插大知識

Part 2 扦插後管理

Part 3 莖插

Part 4 葉插

Part 5 鱗片插

Part 6 根插

特別企畫

🌿 春夏季常見的花壇植物

五彩石竹
Dianthus chinensis

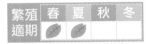

繁殖 適期	春	夏	秋	冬
	🌱	🌱		

●春末夏初為適期

英名 Chinese Pink，Rainbow Pink。又名「洛陽花」、「剪絨花」、「中國石竹」等名。石竹科多年生草本，台灣常以一二年生草花栽培。根粗壯，莖常簇生於莖基處，莖光滑無毛多分枝，株高約 30 公分。圓錐形或聚繖狀花序，頂生於枝條上，花色多另具有斑紋的品種。

> ❝
> 花期長由 4 ～ 10 月間都能開花，但集中春季 4 ～ 5 月時盛花。
> ❞

Part 1
扦插大知識

Part 2
扦插後管理

Part 3
草插

Part 4
葉插

Part 5
鱗片插

Part 6
根插

特別企畫

1 選取部位

可觀察莖基處,剪取新生萌發的新芽為宜。嫩芽易扦插成活。

2 栽培方式

剪取頂芽、長度約 5 公分長的插穗。為多年生草本,新芽枝條長度不易剪取過長,枝條下方葉抱莖的葉片需摘除乾淨。因枝條較短,可改用器皿狀的食器,盛水進行水插。

3 後續管理

發根後直接上盆定植,育苗期間如部分枝條開花,應及早摘除,以利新生側芽的生長。

標準插穗

帶頂芽

5 公分

選取強健枝條,如帶有花苞應及早摘除。

上盆定植育苗後 2 週,已開始萌發新生的枝梢。

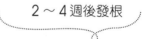

2 ～ 4 週後發根

🌿 花粉枝繁，適合作矮籬 ——————————

黃金綠珊瑚

Euphorbia tirucalli 'Sticks on Fire'

繁殖	春	夏	秋	冬
適期	🍃	🍃		

為綠珊瑚的園藝選拔種，品種名 Sticks on Fire，可譯為火把，花市則稱為「黃金綠珊瑚」。原產於非洲東部，荷蘭人引進栽培後，在台灣澎湖一帶歸化為野生植物，常見做為景觀植物栽培，高約 1 ~ 3 公尺。繁殖以扦插為主。

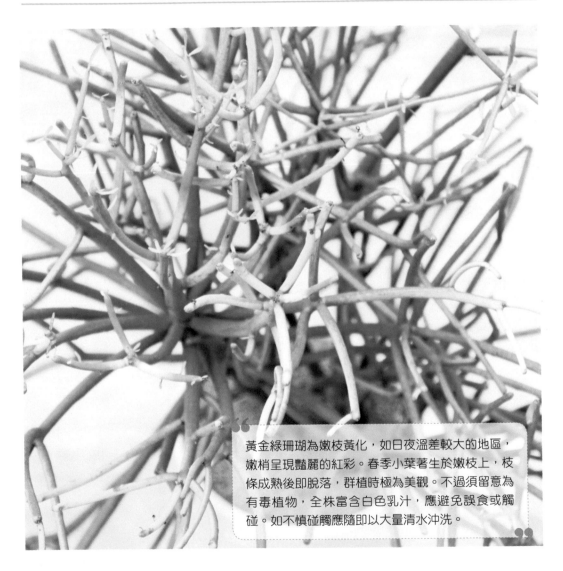

> 黃金綠珊瑚為嫩枝黃化，如日夜溫差較大的地區，嫩梢呈現豔麗的紅彩。春季小葉著生於嫩枝上，枝條成熟後即脫落，群植時極為美觀。不過須留意為有毒植物，全株富含白色乳汁，應避免誤食或觸碰。如不慎碰觸應隨即以大量清水沖洗。

1 選取部位

多年生的灌木，於春夏季剪取一年生
的枝條即可。或於冬春季生長期來臨
之，進行適當的修剪，可利用修剪下
來的強健枝條做為插穗。

2 栽培方式

視需求可剪取短則 15 ～ 30 公分的枝
條扦插。亦可剪取 80 ～ 100 公分帶
主幹的枝條進行扦插，縮短樹形盆栽
養成的時間。插穗剪取後，需待傷口
癒合後再行扦插為宜（即不產生乳汁
即可）。

3 後續管理

本種生長較為緩慢， 水插發根時間
約 8 ～ 10 週。枝條強壯的誘根時間
較短，枝條較弱的誘根時間較長。發
根時在枝條頂梢也會伴隨新枝萌發。

Part 1
扦插大知識

Part 2
扦插後管理

Part 3
莖插

Part 4
葉插

Part 5
鱗片插

Part 6
根插

特別企畫

標準插穗

冬季修剪下的枝條，傷口乾燥後插於回收的
水瓶內。

8 ～ 10 週後發根

直接上盆定植，定植後可略施少許緩效肥，
有利於初期的育苗。

水插後近 8 週的時間，強壯枝已發根，伴隨
新生枝條萌發。

🍃 散發清新果香，肥圓絨葉惹人喜愛

小葉左手香

Plectranthus socotranum

繁殖適期	春	夏	秋	冬
	🍂	🍂	🍂	🍂

唇形花科的多年生草本植物，原產自東南亞。株高 15 ～ 30 公分，具有果香，氣味清新好聞，又名「碰碰香」、「蘋果香」、「小葉印度薄荷」等，較常見的左手香或斑葉左手香芬芳。輕輕一碰或搖動全株便散發出香氣。對生的肥厚圓形葉片惹人喜愛，全株披有細絨毛，為香草植物全株均可使用。

"
性喜溫暖，適宜臺灣的氣候環境，但不耐低溫。當溫度低於 17℃時生長緩慢或停滯，為旱生植物，栽培時宜注意介質的透水性避免爛根。繁殖以播種及扦插法為主。
"

Part 1
扦插大知識

Part 2
扦插後管理

Part 3
莖插

Part 4
葉插

Part 5
鱗片插

Part 6
根插

特別企畫

1 選取部位

枝條莖節較短，葉色鮮綠的頂生枝條
為宜。

2 栽培方式

將帶頂芽至少 3 ～ 4 節，長度約 5 公
分插穗。水插時枝條長度可達 9 公分
左右，枝條下半部插於水中枝條處的
葉片均需摘除。

3 後續管理

水插約 2 ～ 4 週後發根。發根後直接
上盆定植，分枝性佳，育苗期可行摘
心，有利於緻密株形的養成。

標準插穗　帶頂芽

5～9公分

下位葉拔除乾淨

2 ～ 4 週後發根

以 3 吋盆進行初期育苗，待苗強健後可再移
植或分株定植於苗圃上。

生長季誘根時間較快，水插後約 14 天的情形。

🍂 深紫色花極為醒目

巴西野牡丹

繁殖	春	夏	秋	冬
適期	🍂			🍂

Tibouchina semidecandra / Tibouchina 'Jules'

原產自巴西,臺灣於1980年引進栽植,野牡丹科的多年生常綠小灌木或小喬木。株高可達1.5公尺左右。花序頂生,深紫色的花極為醒目,花期長達全年,但以春、秋季為盛期。常見以扦插法及壓條繁殖。

> 性喜溫暖,生育適溫20～30℃左右;不耐寒冷及霜雪。栽培介質以富含有機質及排水良好的砂質壤土為佳,雖耐陰,但日照良好環境下開花狀況較佳。

圖片提供／SAR.

1 選取部位

配合春季繁殖，進行適度修剪，選取
強健枝條進行繁殖。植株外側、向陽
充實的枝條或頂生的一年生枝條，扦
插較易成活。經修剪後的植株，因可
促進新生分枝，也有益於花開。

2 栽培方式

水插時枝條可剪取長度 9 ～ 15 公分
左右，枝條下半部插於水中枝條處的
葉片均需摘除，僅保留第 1、2 節的
葉片。

3 後續管理

發根後直接上盆定植，以 3 吋盆育
苗，填入約 8 分滿介質後，再將枝條
栽入盆內。定植後充分澆水，初期置
於保濕環境，以利根系適應，根系長
滿後即可定植於花圃中。育苗期間應
給予 2 ～ 3 回的摘心，以利緻密樹冠
的形成。

標準插穗

帶頂芽

9～15公分

3 ～ 5 節

枝條下方第 1 ～ 2 對葉可去除

4 ～ 6 週後發根

嫩枝插水後近 30 天，枝條基部已誘發大量的
根。

定植後充分澆水，初期置於保濕環境，以利
根系適應，根系長滿後即可定植於花圃中。

發根後以 3 吋盆育苗，填入約 8 分滿介質，
再將枝條栽入盆內。

Part 1 扦插大知識

Part 2 扦插後管理

Part 3 莖插

Part 4 葉插

Part 5 鱗片插

Part 6 根插

特別企畫

非洲菫繁殖法 *Propagation of Saintpaulia*

非洲菫株形、葉形、花形、花色多變，是重要的室內盆花植物。常見以葉插及分株方式繁殖，但其中具縞花chimera（體細胞嵌合）的品系，其特殊美麗的花色，卻無法以葉插方式保存下去，僅能以頂芽或分株的方式進行，較能維持體細胞嵌合的變異。雖然不同的縞花品種之間利用分株繁殖，仍有失去縞花特徵的風險，但不失為居家較易操作縞花繁殖的策略之一。

繁殖縞花品系成功的關鍵

① 強健的母株

在無法以葉插進行繁殖的前提下，要繁殖延續非洲菫縞花品種，首先必須將母株培養的強健。利用其葉片下方腋生的側芽，以分株的方式能保有縞花特殊的嵌合體變異。

Sainipaulia 'Humako Monique' 為白色外縞，淺紫色內縞的縞花品種。

② 利用去頂芽或生長點破壞的方式（俗稱砍頭或胴切）

即將其頂芽切除後，可促進下方葉腋的芽發生，再行分株。

③ 使用花梗扦插

能保留縞花的特殊變異，但常受限於品種及微環境的要求較高，對居家縞花繁殖來說技術門檻較高。

Saintpaulia 'Ness' Dream Maker' 為白色外縞，粉紅色內縞的縞花品種。

① 分株法 Division

繁殖適期

全年均可進行，但臺灣夏季炎熱，分株時如清潔或環境衛生處理不當，側芽易因病菌感染而損耗，一般多建議於冬春季進行較佳。但如有冷房或空調的環境，則較無妨。

分株要領

分株時應注意自側芽的基部切取，側芽芽體越大，養至成株開花的時間越短；但一般建議分株側芽至少應長有 6 ～ 9 片葉時，進行分株較為適宜，芽體過小分株時較易損傷芽體。分株後的側芽，應待基部傷口乾燥至少 30 分鐘或數小時，傷口癒合後再栽入適當的盆器中。

發根時間

側芽分株後上盆定植，類似剪取頂芽的枝條扦插一樣，初期應保持濕度，減少葉片水分的散失，有利於發根。分株定植約 7 ～ 14 天後，發根待苗及根團建立，可再移入較大的盆器。

於建國花市挑選到的縞花變異株。

利用美工刀或其他器具，於側芽基部進行切取。

分株後至少靜置 30 分鐘待傷口乾燥癒合再上盆。植株太小的可以合植於一盆。

一盆中可分出近 5 株的側芽，圖中右側 3 株為個體較小的側芽。

Part 1
扦插大知識

Part 2
扦插後管理

Part 3
莖插

Part 4
葉插

Part 5
鱗片插

Part 6
根插

特別企畫

② 去除頂芽（砍頭／胴切）
Crown cutting

利用美工刀或其他器具，於側芽基部進行切取。

Tips

去除頂芽後，將下半部培養在原來的環境中。如為大量繁殖時，利用人工照明的方式延長光照時間，促進側芽的萌發及增生量。

頂芽定植後，仍能維持強健的生長勢，並在當年度開花。

繁殖適期

建議於冬春季進行為宜，一般在非洲董越夏後，母株先經一次換土作業，並培養至強壯後實施。

去除頂芽要領

視母株的大小，初次操作建議頂芽應保有 6 ～ 9 片的葉片為佳，選定保留的頂芽大小後，利用乾淨的刀片，至葉片下方將芽切取下來。靜置至少 30 分鐘後，再將頂芽上盆定植。

側芽萌發時間

以葉插非洲董至成苗的時間平均約需 6 ～ 10 個月左右。如以去除頂芽的方式，培育到成苗大約需 4 ～ 6 個月左右的時間，但仍需視品種、母株營養狀況及培養環境，栽培至成株的時間有所不同。

去除頂芽後近 3 個月，已產生大量側芽，部分側芽已成熟達開花的狀態。比照分株的方式，將側芽切取下來後定植。

取下的側芽以合植方式進行初期的誘根，待發根後再移植。原切下頂芽又再度開花。

Part 1
扦插大知識

Part 2
扦插後管理

Part 3
莖插

Part 4
葉插

Part 5
鱗片插

Part 6
根插

特別企畫

③ 花梗扦插 Blossom stem cutting

部分品種的非洲菫，在花後可觀察到花梗上的小葉處會形成花梗芽。縞花品系，花梗上一對小葉的葉腋處具有腋芽，利用花梗扦插是縞花品系常用的方式之一。

如為進行花梗扦插，宜選取強健的花梗及小葉較大的花梗為佳。

繁殖適期

建議於初春第一次花期後實施為佳，因初春的氣溫適宜，可提高花梗芽扦插的成活率。

去除花及花苞後，小葉下方保留約 1～1.5 公分長的花梗。

成功的關鍵

①花梗上的一對小葉扦插的是花梗插穗的養分來源，小葉越大的花梗成功率越高。

②可以使用發根劑，或扦插前讓花梗充足吸飽水分，都有助於花梗扦插的成功率。

將花梗插入疏鬆潮濕的水苔中，保濕並移至光線明亮處，增加花梗扦插的成功率。

多肉植物繁殖 *Propagation of Succulents*

近年來多肉植物蔚為風潮，成為許多人栽花種草的首選之一；配合風格盆器和小飾物，還能製作趣味的組合盆栽。多肉植物包含仙人掌科的植物，數量將近15,000種左右，對於部分嬌貴又難入手的品種來說，多一盆苗就增加一分越夏成功的機會；少一分失去的風險。而繁殖一般常見的品種，也能夠有較多的苗提供玩組盆的材料來源。

多肉植物繁殖成功的關鍵

① 選對季節最重要

多肉植物與仙人掌的成員很多，在進行繁殖之前，應先清楚所栽培的多肉植物的生長期，有些是冬季生長的，有些則是夏季生長，只要季節合宜，繁殖的成功機會就大很多。

② 瞭解所栽的植物，再選擇繁殖的方式

例如根莖型的多肉植物，僅能以種子繁殖，未來才會有肥大的根莖可賞。或者利用所栽的多肉植物及仙人掌，自生的側芽或走莖生產產新芽，善用分株就能備份與保種。

蘆薈科的玉露，除了分株以外，葉片亦能葉插繁殖。圖為帝玉露，因不慎根部受真菌感染，去除患部後，剔除下來未經感染的完整葉片，葉插近 7 個月的現況。

3 採用去除頂芽或生長點破壞的方式（俗稱砍頭或胴切）

去除頂芽或生長點破壞的方式（俗稱砍頭或胴切），是多肉植物繁殖常使用的技巧之一。切除下來的頂芽直接進行頂芽扦插 Crown cutting 外，還可促進大量側芽的發生。當側芽個體健壯後再分株或切取下來進行頂芽扦插。

如莖節短縮或不易切取頂芽的品種，可使用去除頂芽或生長點破壞的方式，來增加繁殖速度。

4 剪取頂芽扦插

大量繁殖時，應先建立大量的母本群，再剪取頂芽扦插繁殖，是繁殖多肉植物最快速、品質最一致的方式。

頂芽或取帶頂芽的嫩莖扦插，是多肉植物最常用的繁殖方式，因成苗速度較快。

5 隨手繁殖植物剔除下來的部位

善用剔除下來的葉片（多數的景天科、椒草科及蘆薈科等多肉植物）或鱗片葉（風信子科的多肉植物，如大蒼角殿；石蒜科的眉刷毛萬年菁）及肥大的主根，皆能以葉插或根插進行繁殖，除增加繁殖的數量外，雖小苗較不整齊一致，但過程卻充滿生命力，讓栽培多肉植物變的更有趣。

葉插可以增加多肉植物繁殖的數量，但繁殖的速度會較慢一些，育成的時間較長。部分品種如艷姿屬及瓦松屬的景天科就無法使用葉插繁殖。

Part 1 扦插大知識
Part 2 扦插後管理
Part 3 莖插
Part 4 葉插
Part 5 鱗片插
Part 6 根插
特別企畫

① 分株法 Division

分株法適用的多肉植物科別，如龍舌蘭科、蘆薈科、風信子科、石蒜科、仙人掌科、鳳梨科等等。分株繁殖的原則是當側芽的大小適當後，在合宜的季節，利用手剝或器械的協助，取下母株側方或下方的側芽，再將側芽上盆定植育苗。

▶多肉植物繁殖成功的關鍵

①側芽至少需有母株 1/2 的大小才能進行分株。太小的側芽在分株及育苗的過程容易因為操作過程及環境條件不適而發生損耗。

②在生長季節進行分株最為適宜。

③分株後的小苗，如根部未長全者，應待基部傷口乾燥後再定植為宜。如帶有根部的側芽，也可適當修剪根部後再上盆。

觀音蓮卷絹

Sempervivum tectorum

景天科卷絹屬的多肉植物，葉片輪狀排序狀似蓮座，葉緣具絨毛，葉末端在光照充足時會出現紫紅色的斑塊。

冬春季後，觀音蓮卷絹會向四周產生大量的側芽，可選側芽下方已產生不定根的成熟側芽，做為分株的標準。

自側芽下方1～2節處剪下後，靜置至少30分鐘，以利基部傷口癒合。

小苗可以合植，或直接定植於2吋盆中。定植後約1～2週會發根。

Tips
可於春末夏初之際，進行大量繁殖，建議植入小盆為宜，因小盆含水量少、排水容易，較有利於越夏，秋涼後再換盆以利植株株形的養成。

Part 1
扦插大知識

Part 2
扦插後管理

Part 3
莖插

Part 4
葉插

Part 5
鱗片插

Part 6
根插

特別企畫

② 葉插 Leaf cutting

葉插常用於景天科、蘆薈科、秋海棠科及椒草科的多肉植物，尤其是常用於景天科，在居家繁殖時最令人覺得驚喜有趣。

▶多肉植物葉插法成功關鍵

① 葉片應選取完整及健壯的葉片，待基部傷口乾燥後放置於乾淨的介質表面，仿照落地生根的方式，在葉基發根長芽後再上盆育苗即可。

② 花梗上的小葉，也具有繁殖的能力。花謝後可以將花梗上的小葉取下

③ 部分科別的葉插，需帶有完整的基部組織，發根及發芽能力較佳。

姬青渚

Echeveria setosa var. *deminuta* 'Rundelii'

中名應源自日名姬青い渚而來，為景天科擬石蓮屬的多年生肉質草本。外觀常與姬錦司晃 *Echeveria setosa* v. *ciliata* 混淆。兩種植物本一家，都是錦司晃 *Echeveria setosa* 不同的變種。

選擇強壯的下位葉1～2輪的葉片為宜。或使用生長點移除的方式，取下帶頂芽的心部後，剝除心部基部上著生的葉片為插穗。葉插後近5週，葉基部的芽已明顯長大，且葉片已經枯萎。

待葉插老葉枯萎後或視苗的大小，建議應移植上盆栽培為佳。如空間考量，也可以葉插苗自生在插床上待株形建立後移植。

進行生長點移除後，約2個月左右的時間，於心部及基部都產生側芽，可於秋涼後再分株或取下側芽扦插。

③ 莖插 Stem cutting

以剪取嫩莖或帶頂芽的莖段為插穗進行扦插繁殖，是多肉植物育苗最常用的方式之一，繁殖出來的小苗品質整齊一致，且育苗期較短。但採取莖插需先建立大量的母本，或需要強健的母株，才能穩定提供或生產出健壯的枝條，以供應扦插繁殖之需。即便是使用帶頂芽的枝條隨即扦插，可等到枝條基部發根之後再植入盆中。

星乙女（十字星）

Baby nacklace, Necklace vine, String of buttons

景天科青鎖龍屬的多年生肉質草本植物。光線充足及日夜溫差較大時，葉片會出現暗紅色葉緣及斑點。近三角形的葉片，以對生方式抱合在莖節上，葉表具白色蠟質的粉末，株形奇特好看。

在冬春季剪取頂梢3～5公分長的枝條進行扦插，或剪取帶一對葉片的單節進行扦插。

圖為近似種－數珠星 *Crassula marnieriana* 單節插發芽的情形。

插穗插入2.5吋方盆中，待發根育苗。通常帶頂芽的枝條發根速度較快；以單節進行扦插發根速度較慢。

④ 去除頂芽或生長點破壞法（胴切/砍頭）Crown cutting

適用於蘆薈科、景天科、龍舌蘭科等多肉植物；繁殖適期應於生長季進行為佳，可利用刀片、魚線或其他的器具協助，將頂芽及心部切除。心部的頂芽獨立扦插繁殖。心部生長點去除及破壞的結果，生長季時，下方葉序的葉腋間會大量發生側芽。再將側芽切下進行扦插或分株方式繁殖。

玄海岩

Orostachys malacophylla ssp. *iwarenge* 'Genkai'

玄海岩為景天科瓦松屬的多年生肉質草本，本種葉質地薄不易進行葉插繁殖，且花後即死亡，採用去除生長點的方式，以進行大量繁殖。

1. 破壞生長點：

以春季為佳，使用美工刀將心部切除，或使用牙線及魚線以纏勒方式移除頂芽。切取基部乾燥或於傷口處塗抹殺菌劑減少病菌感染。

2. 頂芽扦插：

取下的頂芽可直接扦插，生長季時約2～3週就可發根。

3. 側芽發生：

在生長季取下頂芽後，約2～3個月的時間，短縮莖節上或是葉片下方發生大量的側芽，側芽茁壯後，再自母株上分離。

4. 側芽扦插或分株：

再將叢生的頂芽切取下來，待傷口乾燥後定植於1寸盆上育苗。較小的側芽則保留於母株上，等苗健壯時再行分株或扦插。

Part1 扦插大知識
Part2 扦插後管理
Part3 莖插
Part4 葉插
Part5 鱗片插
Part6 根插
特別企畫

植物名稱	頂芽插	嫩枝插	硬木插	葉插	根插	特殊插穗	春	夏	秋	冬
香草植物										
唇形科(10)										
迷迭香	●	●					★		★	●
葡匐迷迭香	●	●					★		★	●
寬葉迷迭香	●	●					★		★	●
羽葉薰衣草	●						★		★	●
德克斯特薰衣草	●						★		★	●
齒葉迷迭香	●						★		★	●
鳳梨鼠尾草	●						★		★	●
紫葉鼠尾草	●						★		★	●
水果鼠尾草	●						★			
綠薄荷	●	●					★		★	●
巧克力薄荷	●	●					★		★	●
鳳梨薄荷	●	●					★		★	●
百里香	●	●					★		★	●
檸檬百里香	●						★			
香蜂草	●						★			
甜羅勒	●						★			
檸檬羅勒	●						★		★	
紫蘿勒	●						★			
紫蘇	●						★		★	
仙草	●	●					★		★	
貓鬚草	●	●					★		★	●
三白草科(1)										
魚腥草	●	●				地下走莖	★	●	★	
菊科(4)										
芳香萬壽菊	●	●					★	●	★	●
甜萬壽菊	●	●					★	●	★	●
甜菊	●	●					★	●		
艾草	●	●				地下走莖	★		★	
香葉草科(4)										
薰衣草天竺葵	●	●						★		★
玫瑰天竺葵	●							★		★
蘋果天竺葵	●							★		★
防蚊樹	●	●						★		
桃金孃科(1)										
澳洲茶樹	●							★		●
樟科(1)										
肉桂	●							★		
彩葉植物										
唇形科(1)										
彩葉草	●	●						★		★
爵床科(9)										
網紋草	●	●						★		★
嫣紅蔓	●	●						★		★
擬美花	●	●						★		★
斑葉尖尾鳳	●							★		★
紫蕨草	●	●						★		★
灰姑娘	●	●						★		★
波斯紅草	●	●						★		

（★為扦插最適季節）

植物名稱	頂芽插	嫩枝插	硬木插	葉插	根插	特殊插穗	春	夏	秋	冬
單藥花	●	●					★		★	
黑美人(彈簧草)	●						★		★	
莧科(5)										
莧草	●						★	●	★	
紫絹莧	●						★	●	★	
圓葉紅莧	●	●					★	●	★	
霓虹莧	●						★	●	★	
雪莧	●								●	
報春花科(1)										
遍地金	●	●					★		★	
秋海棠科(7)										
蛤蟆秋海棠				●				★	★	●
鐵十字秋海棠				●				★	●	
虎斑秋海棠				●				★	●	
楓葉秋海棠				●				★	●	
銀寶石秋海棠				●				★	●	
蘭嶼秋海棠				●				★	●	
水鴨腳秋海棠				●				★	★	●
蕁麻科(5)										
冷水花	●	●						★	★	
銀葉蛤蟆草	●	●						★	★	
嬰兒眼淚	●	●						★	★	
蛤蟆冷水花	●	●						★	★	
灰綠冷水花/雪花蔓	●	●						★	★	

植物名稱	頂芽插	嫩枝插	硬木插	葉插	根插	特殊插穗	春	夏	秋	冬
草花植物										
唇形科(2)										
粉萼鼠尾草	●							★	★	
墨西哥鼠尾草	●							★	★	
菊科(4)										
情人菊	●							★	★	●
馬格麗特	●							★	★	
蟛蜞菊	●						★	●	★	●
蒲公英					●			★	★	
鳳仙花科(2)										
非洲鳳仙花(重瓣)	●							★	★	●
新幾內亞鳳仙花	●							★	★	●
馬齒莧科(2)										
松葉牡丹	●	●						★	●	
馬齒牡丹	●	●						★	●	
秋海棠科(2)										
四季秋海棠	●							★	★	●
法國秋海棠	●	●						★	★	●
旋花科(1)										
藍星花	●	●						★	★	●
茄科(1)										
矮牽牛	●	●						★	★	●
茜草科(1)										
繁星花	●	●						★	★	●
爵床科(1)										
翠蘆莉	●	●						★	★	●

(★為扦插最適季節)

藤蔓植物

植物名稱	頂芽插	嫩枝插	硬木插	葉插	根插	特殊插穗	春	夏	秋	冬
五加科(1)										
常春藤	●	●					★		★	
蓼科(1)										
鐵線草	●	●					★		★	
鴨跖草科(2)										
翠玲瓏	●	●					★	●	★	●
吊竹草	●	●					★	●	★	●
苦苣苔科(4)										
柳榕/玉唇花	●	●		●			★		★	●
口紅花	●	●		●			★		★	●
袋鼠花	●	●					★		★	●
鯨魚花	●	●					★		★	●
桑科(2)										
薜荔	●	●	●				★	●	★	●
越橘葉蔓榕	●	●	●				★	●	★	●
葡萄科(3)										
地錦/爬牆虎	●	●	●				★	●	★	
錦葉葡萄	●	●					★	●	★	
錦屏藤	●	●					★	●	★	
馬鞭草科(4)										
龍吐珠		●	●		●		★		★	●
紅萼珍珠寶蓮		●	●		●		★		★	●
大鄧伯花		●	●				★		★	●
錫葉藤		●	●				★	●	★	

植物名稱	頂芽插	嫩枝插	硬木插	葉插	根插	特殊插穗	春	夏	秋	冬
夾竹桃科(5)										
黃蟬		●	●				★		★	●
飄香藤		●	●				★		★	●
紫蟬		●	●				★		★	●
初雪葛/斑葉絡石	●	●	●				★		★	●
黃金絡石	●	●	●				★		★	●
紫葳科(4)										
貓爪藤	●	●	●		●		★		★	●
蒜香藤	●	●	●				★		★	●
炮仗花	●	●	●				★		★	
凌霄花	●	●	●				★		★	
忍冬科(1)										
金銀花		●	●				★		★	●
玄蔘科(3)										
炮竹紅	●	●	●				★		★	●
倒地蜈蚣	●	●					★		★	●
蔓性夏菫	●	●					★		★	
紫茉莉科(1)										
九重葛		●	●				★		★	●
西番蓮科(2)										
百番果		●	●				★		★	●
紅花西香蓮		●	●				★		★	●
天南星科(4)										
白蝴蝶合果芋	●	●					★		★	
黃金葛	●	●					★		★	
心葉蔓綠絨	●	●					★		★	
拎樹藤	●	●					★		★	●

（★為扦插最適季節）

植物名稱	頂芽插	嫩枝插	硬木插	葉插	根插	特殊插穗	春	夏	秋	冬
椒草科(1)										
斑葉垂椒草	●	●					★		★	
蘿藦科(5)										
斑葉毬蘭	●	●					★	●	★	
心葉毬蘭	●	●		●			★	●	★	
串錢藤	●	●					★	●	★	
百萬心	●	●					★	●	★	
青蛙寶/巴西之吻	●	●					★	●	★	
茄科(1)										
懸星花	●	●					★		★	
大戟科(1)										
紅毛莧	●	●					★		★	
蕨類植物										
卷柏科(2)										
藍地柏(翠雲草)	●	●						★	★	●
卷柏	●	●						★	★	●
木賊科(1)										
大木賊	●	●						★	★	●
蘋科(1)										
田字草						地下走莖	★	●	★	
瓶爾小草科(1)										
瓶爾小草			●				★	●	★	●
水蕨科(1)										
水蕨			●				★	●	★	●
水龍骨科(2)										
三叉葉星蕨						葉緣不定芽	★	●	★	●
鹿角鐵皇冠						葉緣不定芽	★	●	★	●

植物名稱	頂芽插	嫩枝插	硬木插	葉插	根插	特殊插穗	春	夏	秋	冬
觀葉植物										
大戟科(4)										
紅葉鐵莧	●	●	●					★	★	●
變葉木	●	●	●					★		●
紫錦木/非洲紅	●	●	●					★		●
錫蘭葉下珠	●	●	●					★		●
龍舌蘭科(10)										
朱蕉	●	●	●					★	★	●
竹蕉	●	●	●					★		●
五彩千年木	●	●	●					★		●
香龍血樹	●	●	●					★		●
百合竹	●	●	●					★		●
番仔林投	●	●	●					★		●
星點木	●	●	●					★		●
油點木	●	●	●					★		●
開運竹	●	●	●					★	★	●
虎尾蘭			●				★	●		●
鳳梨科(3)										
斑葉鳳梨						冠芽/側芽	★	●	★	●
絨葉小鳳梨						側芽	★	●	★	●
我蘿						冠芽/側芽	★	●		●

（★為扦插最適季節）

植物名稱	頂芽插	嫩枝插	硬木插	葉插	根插	特殊插穗	春	夏	秋	冬
五加科(4)										
福祿桐	●	●	●				★	●	★	●
鵝掌藤	●	●	●				★	●	★	●
澳洲鴨掌木	●	●	●				★	●	★	●
孔雀樹	●	●	●				★	●	★	●
胡頹子科(1)										
宜梧/銀梧	●	●	●				★		★	●
銀杏科(1)										
銀杏		●	●				★		★	●
桑科(3)										
斑葉垂榕	●	●	●				★	●	★	●
橡膠樹		●	●				★	●	★	●
琴葉榕	●	●	●				★	●	★	●
天南星科(9)										
美鐵芋/金錢樹					●		★	●	★	●
銀后粗肋草	●	●					★	●	★	●
白馬粗肋草	●	●					★	●	★	●
愛玉粗肋草	●	●					★	●	★	●
大王黛粉葉	●	●					★	●	★	●
白玉黛粉葉	●	●					★	●	★	●
瑪莉安黛粉葉	●	●								
龜背芋	●	●					★	●	★	●
蔓綠絨	●	●					★	●	★	●
椒草科(4)										
西瓜皮椒草				●			★		★	●
皺葉椒草				●			★		★	●

植物名稱	頂芽插	嫩枝插	硬木插	葉插	根插	特殊插穗	春	夏	秋	冬
椒草	●	●						★	★	●
多葉蘭/白脈椒草	●	●						★	★	●
酢醬草科(1)										
紫葉酢醬草					●	鱗片插	★		●	●
觀花植物(木本)										
茜草科(7)										
中國仙丹	●	●	●					★	★	●
矮仙丹	●	●						★	★	●
大王仙丹	●	●						★	★	●
梔子	●	●						★	★	●
玉葉金花	●	●						★	★	●
六月雪					●			★	★	●
醉嬌花		●	●					★	★	●
馬鞭草科(7)										
長穗木	●	●	●					★	★	●
馬櫻丹	●	●	●					★		
藍蝴蝶		●	●					★		
陽傘花			●					★		
垂茉莉		●	●					★		
蕾絲金露華	●	●						★		
煙火花	●	●			●			★		
山茶科(3)										
茶花-金魚王	●	●						★	★	●
茶花-八寶塔	●	●						★	★	●

（★為扦插最適季節）

植物名稱	頂芽插	嫩枝插	硬木插	葉插	根插	特殊插穗	春	夏	秋	冬
茶花-黑貓	●	●					★		★	●
野牡丹科(2)										
艷紫野牡丹(蒂牡花)	●	●					★	●	★	●
巴西野牡丹(翠牡丹)	●	●					★	●	★	●
爵床科(7)										
小蝦花	●	●					★	●	★	
黃蝦花	●	●					★	●	★	
鳥尾花	●	●					★	●	★	
紫雲杜鵑	●	●	●				★	●	★	●
翠蘆莉	●	●					★	●	★	●
紅樓花	●	●					★	●	★	●
立鶴花	●	●					★	●	★	●
錦葵科(7)										
木槿	●	●	●				★		★	●
黃槿		●	●				★		★	●
木芙蓉	●	●	●				★		★	●
山芙蓉	●	●	●				★		★	●
梵天花	●	●	●				★		★	●
扶桑	●	●	●				★		★	●
大紅袍	●	●	●				★		★	●
薔薇科(3)										
玫瑰		●	●				★		★	●
迷你玫瑰		●	●				★		★	●
蔓性玫瑰		●	●				★		★	●

植物名稱	頂芽插	嫩枝插	硬木插	葉插	根插	特殊插穗	春	夏	秋	冬
藍雪花科(2)										
藍雪花科		●	●					★	★	●
烏面馬		●	●					★	★	●
苦苣苔科(8)										
大岩桐	●	●		●				★	★	●
迷你岩桐	●	●		●				★	★	●
非洲菫	●			●		花梗不定芽	★		★	●
雙心皮草				●				★	★	●
長筒花	●	●				鱗片插	★		★	●
垂筒苦苣苔	●	●				鱗片插	★		★	●
艷斑苦苣苔	●	●				鱗片插	★		★	●
藍鐘苣苔	●					鱗片插		★	★	●
黃花菜科(1)										
金針						花梗不定芽		★		
石蒜科(3)										
孤挺花						鱗片插	★		★	●
金花石蒜						鱗片插		★	★	●
火球花						鱗片插		★	★	●
百合科(4)										
鐵砲百合						鱗片插	★		★	●
香水百合						鱗片插		★	★	●
艷紅鹿子百合						鱗片插		★	★	●
高砂百合						鱗片插		★	★	●

（★為扦插最適季節）

植物名稱	頂芽插	嫩枝插	硬木插	葉插	根插	特殊插穗	春	夏	秋	冬
多肉植物										
蘆薈科(7)										
壽	●			●	●		★		★	●
玉露	●			●	●		★		★	●
玉扇	●			●			★		★	●
萬象	●			●	●		★		★	●
臥牛	●			●	●		★		★	●
虎之卷	●			●			★		★	●
十二之卷	●					花梗不定芽/側芽	★		★	●
景天科(12)										
石蓮/曬月	●			●			★		★	●
姬仙女跳舞	●			●			★		★	●
蝴蝶之舞錦	●					葉緣不定芽	★		★	●
蕾絲姑娘	●			●		葉緣不定芽	★		★	●
不死鳥	●	●		●		葉緣不定芽	★		★	●
扇雀	●			●			★		★	●
特葉玉蝶	●			●			★		★	●
黑法師	●			●			★		★	●
長壽花	●	●		●			★		★	●
熊童子	●			●			★		★	●
玉珠蓮/玉串	●			●			★		★	●
花月(發財樹)	●						★		★	●
仙人掌科(8)										
玉乳柱/美乳柱	●	●					★	●	★	●
龍神木	●	●						★	●	●
蟹爪仙人掌	●	●					★	●	★	●
猿戀葦	●	●					★	●	★	●
絲葦	●	●					★	●	★	●
孔雀仙人掌	●	●					★	●	★	●
火龍果	●	●					★	●	★	●
團扇仙人掌	●	●					★	●	★	●
大戟科(13)										
麒麟花	●	●					★	●	★	●
柳麒麟	●	●			●		★	●	★	●
狗奴子	●	●			●		★	●	★	●
綠珊瑚	●	●					★	●	★	●
霸王鞭/彩雲閣	●	●					★	●	★	●
皺葉麒麟	●	●					★	●	★	●
紅彩閣	●	●					★	●	★	●
南蠻塔/華燭麒麟	●	●					★	●	★	●
銅綠麒麟	●	●					★	●	★	●
筒葉麒麟	●	●					★	●	★	●
將軍閣	●	●					★	●	★	●
火烘/金剛纂	●	●					★	●	★	●
紅雀珊瑚/大銀龍	●	●					★	●	★	●
龍樹科(2)										
亞龍木	●	●					★	●	★	●
魔針地獄	●	●					★	●	★	●
蘿藦科(5)										
縞馬	●	●					★	●	★	
尖銳角	●	●					★	●	★	
大花犀角/王犀角	●	●					★		★	
毛茸角	●	●					★		★	
海葵蘿藦/雷卡雷角	●	●					★	●	★	

（★為扦插最適季節）

植物名稱	頂芽插	嫩枝插	硬木插	葉插	根插	特殊插穗	春	夏	秋	冬
食蟲植物										
豬籠草科(1)										
豬籠草	●						★	●	★	●
貍藻科(1)										
捕蟲堇				●			★	●	★	●
茅膏菜科(2)										
阿帝露毛顫苔				●	●		★	●	★	●
叉葉毛顫苔				●			★	●	★	●
水生植物										
睡菜科(3)										
印度莕菜				●		葉柄不定芽	★	●	★	
小莕菜				●		葉柄不定芽	★	●	★	
龍骨瓣莕菜				●		葉柄不定芽	★	●	★	
睡蓮科(1)										
子母蓮				●		葉柄不定芽	★	●	★	
莎草科(2)										
輪傘莎草						花序不定芽	★	●	★	
小莎草						花序不定芽	★	●	★	
小二仙草科(1)										
粉綠狐尾草	●	●					★	●	★	
金魚藻科(1)										
金魚藻	●	●					★	●	★	
水鱉科(1)										
水蘊草	●	●					★	●	★	

植物名稱	頂芽插	嫩枝插	硬木插	葉插	根插	特殊插穗	春	夏	秋	冬
澤瀉科(2)										
象耳澤瀉						花梗不定芽	★	●	★	●
小海帆澤瀉						花梗不定芽	★	●	★	●
黃花藺科(1)										
黃花藺						花梗不定芽	★	●	★	
玄參科(6)										
紅花紫蘇草	●	●					★	●	★	
白花紫蘇草	●	●					★	●	★	
石龍尾	●	●					★	●	★	
大葉田香草	●	●					★	●	★	
過長沙	●	●					★	●	★	
海洋之星/卡羅來納過長沙	●	●					★	●	★	
爵床科(4)										
大安水簑衣	●	●					★	●	★	
異葉水簑衣	●	●					★	●	★	
北埔水簑衣	●	●					★	●	★	
小獅子草	●	●					★	●	★	
千屈菜科(2)										
圓葉節節菜/水豬母乳	●	●					★	●	★	
印度節節菜							★	●	★	
蘭花										
天宮石斛						偽球莖不定芽	★	●	★	
蝴蝶蘭(適品種而定)						花梗不定芽	★	●	★	●

（★為扦插最適季節）

附錄▶中文名稱注音索引

1 盆變 10 盆！扦插種植活用百科（2017 年暢銷改版）

作　　者	梁群健
社　　長	張淑貞
副總編輯	許貝羚
主　　編	王斯韻
責任編輯	謝采芳
美術設計	關雅云
攝　　影	何忠誠、王正毅、陳家偉、蕭維剛、王士豪、陳熙倫、Edward J
行銷企劃	曾于珊

發 行 人	何飛鵬
事業群總經理	李淑霞
出　　版	城邦文化事業股份有限公司 麥浩斯出版
E-mail	cs@myhomelife.com.tw
地　　址	104 台北市民生東路二段 141 號 8 樓
電　　話	02-2500-7578
傳　　真	02-2500-1915
購書專線	0800-020-299

發　　行	英屬蓋曼群島商家庭傳媒股份有限公司城邦分公司
地　　址	104 台北市民生東路二段 141 號 2 樓
讀者服務電話	0800-020-299（9：30 AM ～ 12：00 PM；01：30 PM ～ 05：00 PM）
讀者服務傳真	02-2517-0999
讀者服務信箱	E-mail：csc@cite.com.tw
劃撥帳號	19833516
戶　　名	英屬蓋曼群島商家庭傳媒股份有限公司城邦分公司

香港發行	城邦〈香港〉出版集團有限公司
地　　址	香港灣仔駱克道 193 號東超商業中心 1 樓
電　　話	852-2508-6231
傳　　真	852-2578-9337

新馬發行	城邦〈馬新〉出版集團 Cite(M) Sdn. Bhd.(458372U)
地　　址	41, Jalan Radin Anum, Bandar Baru Sri Petaling, 57000 Kuala Lumpur, Malaysia
電　　話	603-90578822
傳　　真	603-90576622

製版印刷	凱林彩印股份有限公司
總經銷	聯合發行股份有限公司
地　　址	新北市新店區寶橋路 235 巷 6 弄 6 號 2 樓
電　　話	02-2917-8022
傳　　真	02-2915-6275

版　　次	初版 5 刷 2021 年 8 月
定　　價	新台幣 380 元 港幣 127 元

Printed in Taiwan

國家圖書館出版品預行編目 (CIP) 資料

1 盆變 10 盆：扦插種植活用百科 / 梁群健著 . -- 增
訂初版 . -- 臺北市：麥浩斯出版：家庭傳媒城邦分公
司發行 , 2017.06
　面； 公分
ISBN 978-986-408-285-8(平裝)
1. 植物繁殖
435.53　　　　　　　　　　106007901